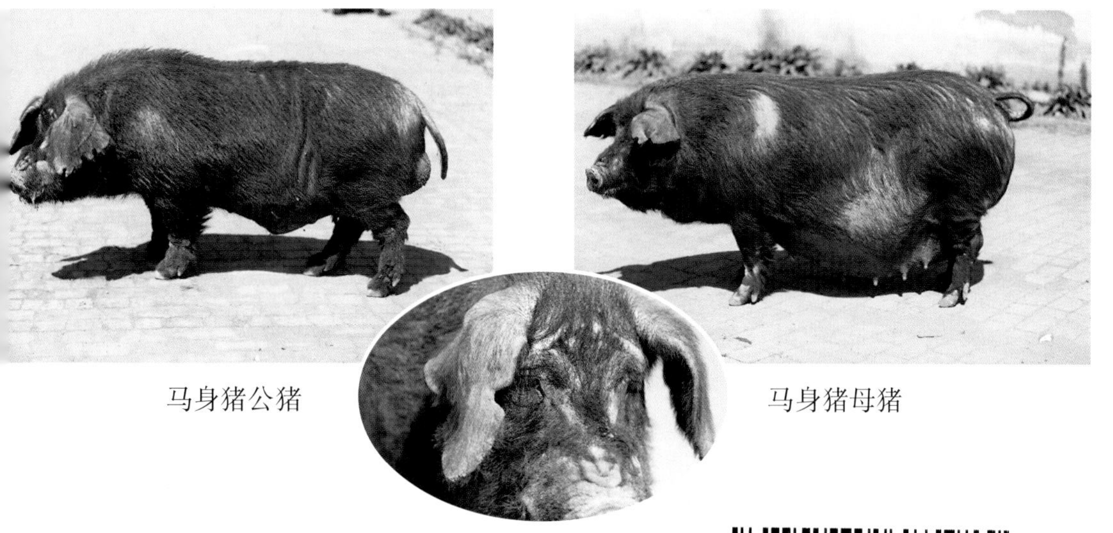

马身猪公猪

马身猪母猪

马身猪公猪脸部

山西黑猪公猪

山西黑猪头部

山西黑猪母猪

山西黑猪妊娠母猪

太原花猪公猪

太原花猪母猪

晋汾白猪公猪

晋汾白猪母猪

黑羽单冠公鸡

有色羽复冠公鸡鸡冠

麻羽单冠母鸡

麻羽单冠公鸡

黑羽单冠母鸡

黑羽单冠公鸡

白羽复冠公鸡鸡冠

白羽单冠公鸡

白羽复冠母鸡

有色羽复冠母鸡

有色羽复冠母鸡鸡冠

黎城大青羊公羊

黎城大青羊母羊

黎城大青羊群体

吕梁黑山羊群体

吕梁黑山羊母羊

吕梁黑山羊公羊

吕梁黑山羊头部侧面

晋岚绒山羊母羊

晋岚绒山羊公羊

晋岚绒山羊群体

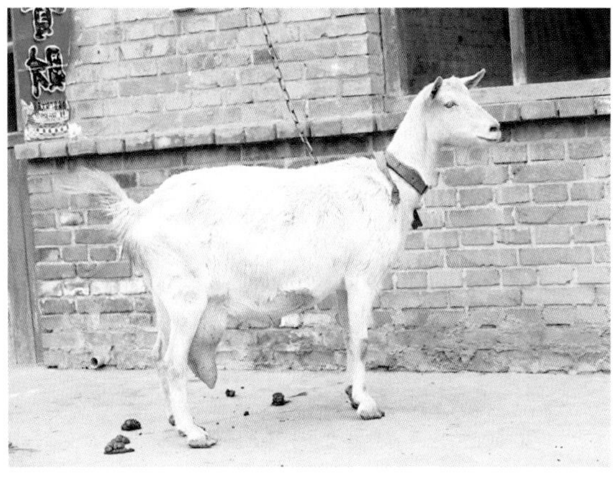

洪洞奶山羊母羊（无角）

洪洞奶山羊公羊

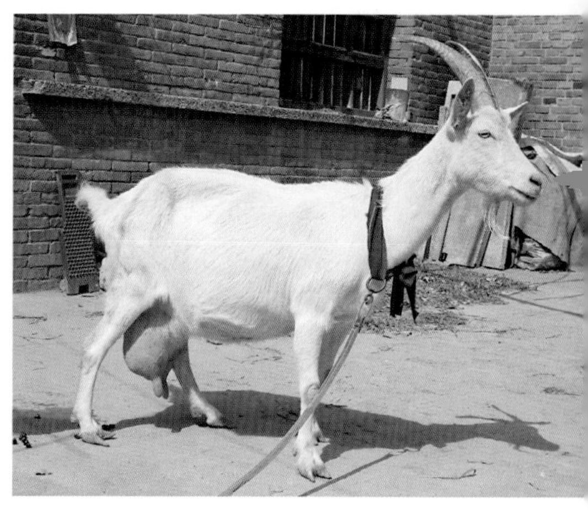

洪洞奶山羊母羊（有角）

阳城白山羊公羊

阳城白山羊母羊

阳城白山羊群体

灵丘青背山羊头部正面

灵丘青背山羊群体

灵丘青背山羊公羊

灵丘青背山羊母羊

晋中绵羊母羊

晋中绵羊公羊

晋中绵羊群体

广灵大尾羊群体

广灵大尾羊母羊

广灵大尾羊公羊

山西细毛羊公羊

山西细毛羊母羊

陵川半细毛羊母羊

陵川半细毛羊公羊

陵川半细毛羊群体

晋南牛母牛

晋南牛公牛

晋南牛青年牛

平陆山地牛公牛

平陆山地牛青年母牛

平陆山地牛母牛

广灵驴母驴

广灵驴公驴

广灵驴驴头侧面

广灵驴驴头正面

广灵驴群体

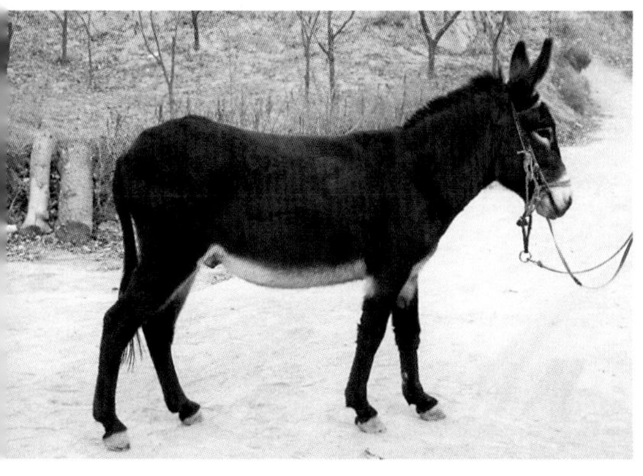

临县驴公驴

临县驴母驴

晋南驴公驴

晋南驴母驴

襄汾马公马

襄汾马母马

北方中蜂三型蜂

北方中蜂群体

山西省地方畜禽品种志

曹宁贤　主编

中国农业出版社
农村设物出版社
北　京

图书在版编目（CIP）数据

山西省地方畜禽品种志/曹宁贤主编．—北京：中国农业出版社，2020.1
ISBN 978-7-109-26151-8

Ⅰ．①山…　Ⅱ．①曹…　Ⅲ．①畜禽—种质资源—概况—山西　Ⅳ．①S813.9

中国版本图书馆 CIP 数据核字（2019）第 242923 号

中国农业出版社出版
地址：北京市朝阳区麦子店街 18 号楼
邮编：100125
责任编辑：弓建芳　郭永立　黄向阳
版式设计：杨　婧　　责任校对：赵　硕
印刷：中农印务有限公司
版次：2020 年 1 月第 1 版
印次：2020 年 1 月北京第 1 次印刷
发行：新华书店北京发行所
开本：720mm×960mm　1/16
印张：6　　插页：6
字数：110 千字
定价：25.00 元

主编介绍

曹宁贤　1985年毕业于山西农学院（现山西农业大学）畜牧专业，现任山西省畜禽繁育工作站副站长（主持工作），享受国务院政府特殊津贴专家。先后主持国家“948”、全国农牧渔业丰收计划、山西省科技攻关、山西省科技成果转化等项目11项，共获得省科技进步一等奖3项、二等奖3项，教育部科技进步二等奖1项，农业农村部丰收奖二等奖2项，省技术承包一等奖1项。主持培育了晋岚绒山羊、晋汾白猪2个新品种。出版《肉牛饲料与饲养新技术》《羊病综合防控技术》等6部著作，发表学术论文50余篇。

编者名单

主　编　曹宁贤

副主编　程俐芬

编　者（以姓氏笔画为序）

王永经　王效京　任明乐　任家玲
刘　莉　刘文春　刘巧霞　刘济民
齐广志　贠红梅　杜晓皎　李　沁
李树军　李侯梅　杨建军　张　钧
陈廷珠　明世清　赵树荣　高书文
高巧艳　高晋生　郭建兵　桑英智
曹水清　曹宁贤　崔子龙　程俐芬

QIANYAN 前言

畜禽遗传资源是畜牧业的重要组成部分，是维护国家生态安全、农业安全的重要战略资源。保护好、利用好畜禽资源，是维护畜牧业种业安全，保障畜牧业可持续发展的重要基础。为了加强对山西省地方畜禽品种、濒危品种的保护，加强对培育新品种的推广，促进畜禽品种资源的开发和利用，加快特色畜牧业发展步伐，我们在2006—2008年、2016年两次调查的基础上编写了《山西省地方畜禽品种志》，书中包含猪品种4个、鸡品种1个、羊品种10个、牛品种2个、驴和马品种各3个和1个、蜂品种1个，为品种的鉴定和保护提供科学依据，为本品种选育、新品种培育提供科学育种素材，为制定畜牧业生产发展规划提供可靠信息，为畜禽资源开发与创新利用提供指导意见，为开展对外交流与合作奠定基础。

山西省是畜禽地方品种较多的省份，1979—1983年，我们从调查的26个品种中筛选出18个品种，出版了《山西省家畜家禽品种志》。2006—2008年，对全省23个畜禽品种的产地、外貌特征、生产性能、繁殖性能、开发利用等进行了全面调查，筛选出20个品种，发布了《山西省级畜禽遗传资源保护名录》，其中猪品种3个、羊品种9个、牛品种2个、鸡品种1个、驴品种3个、其他品种2个。2011—2014年，山西省自主培育的晋岚绒山羊、晋汾白猪通过国家畜禽遗传资源委员会的审定，2015年晋汾白猪被农业部列为畜牧业主导品种之一。2016年，我们对20个地方品种和2

个培育品种进行了主产地、群体规模的调查，对部分数据进行了对比。

本书的编写得到全省畜禽繁育系统人员的大力支持，特别是各畜禽遗传资源保种场，在品种鉴定、性能统计等方面给予了大力支持。本书的出版得到“人力资源与社会保障部万名专家服务基层行动计划项目”的资助，在此一并致谢。

由于我们的业务水平有限，书中可能存在错误和疏漏，恳请读者不吝赐教，提出宝贵意见和建议。

山西省地方畜禽品种志编写组

于山西太原

MULU 目录

总　论

一、山西省自然概况

(一) 地理位置

山西省因位于太行山以西而得名，为古晋国所在地，简称晋。地处黄土高原的东面，黄河中游峡谷东岸。位于东经 110°15′～114°32′、北纬 34°34′～40°44′。东与河北省毗邻，南与河南省相接，西隔黄河与陕西省相望，北与内蒙古自治区接壤。全省总面积 15.63 万 km^2，占全国总面积的 1.63%。疆域轮廓呈东北斜向西南的平行四边形，南北纵长 682km，东西宽约 385km。

(二) 地形地势

山西省东依太行山，西依吕梁山，境内河谷纵横，地貌复杂，有山地、丘陵、台地、谷地和平原等类型，山多川少，山区面积约占全省总面积的 80%以上。地势东北高、西南低，大部分地区海拔在 1 000～2 000m，五台山叶斗峰最高，海拔 3 058m；垣曲县西阳河与黄河交汇处最低，海拔 245m。自然坡度在 7°以上的面积占全省土地面积的 64.2%，53.2%以上的土地为黄土和次生黄土所覆盖。

(三) 气候条件

山西省位于北半球中纬度地区，属于暖温带、中温带大陆性季风气候，四季分明。春季早晚温差大，风沙多而干旱；夏季短而炎热多雨，多刮东南风；秋季短暂，气候温和晴朗；冬季长而寒冷干燥，雨雪稀少，年平均气温－4～14℃。无霜期 85～220d，五台山最短仅 85d，大同盆地 110～140d，临汾、运城盆地200～220d。年降水量 400～650mm，多集中在 6—8 月，占全年降水量的 60%以上，空间分布从东南向西北递减，由盆地到高山随山地高度的增加而增加。

(四) 土壤

山西省土壤分为地带性土壤、褐土、栗钙土、栗褐土、黄绵土、红黏土、新积土、风沙土、火山灰土、石质土、粗骨土、栗高山草甸土、山地草甸土、潮土、水稻土、沼泽土、盐土 17 个土类。

(五) 饲草饲料

20 世纪 80 年代草地资源普查结果，山西省有天然草地 455 万 hm^2，占全省面积的29%。其中面积在20hm^{2}以上的大片天然草地371万hm^2，占草地总面积的81.5%；面积在20hm^{2}以下的零星草地（即四边草地）84万hm^2，占草地总面积的18.5%。草地上生长的维管束植物102科、428属、900多种，占山西省种子植物总科属的58%，总种数的30%。其中禾本科155种，菊科110种，豆科和蔷薇科均在50种以上。2016年，全省各类饲草产量共计4 485万t，干草1 997万t，载畜能力2 669万个羊单位。其中天然草原饲草产量1 514万t，人工草地饲草产量2 971万t，秸秆糟渣等粗饲料折合干草609万t。

2016年，山西省农作物播种面积376.8万hm^2。其中，粮食作物328.7万hm^2；油料种植面积12.1万hm^2。在粮食作物播种面积中，玉米播种面积167.7万hm^2，小麦播种面积67.5万hm^2。全年粮食产量1 260万t。其中，夏粮273万t；秋粮987万t。年产玉米863万t，经认证的合法饲料生产企业189家，年产饲料286万t。

二、山西省畜禽品种利用情况

山西省畜牧业历史悠久，发展基础良好。2016年全省生猪存栏450万头，出栏749万头；家禽存栏9 378万只，出栏9 640万只；牛存栏107万头，出栏肉牛40万头；羊存栏910万只，出栏518万只。肉、蛋、奶产量分别达到83万t、89万t、95万t，畜牧业产值377亿元，占农业总产值的25%，成为农村经济的重要组成部分。

（一）主要引进品种

目前，山西省从国外引进的猪品种有大白猪、长白猪、杜洛克猪、PIC猪配套系；蛋鸡品种有海兰褐鸡、伊莎鸡、罗曼褐鸡；肉鸡品种有罗斯308鸡、科宝500鸡、AA肉鸡；牛品种有荷斯坦牛、西门塔尔牛、利木赞牛、安格斯牛、夏洛莱牛、和牛；羊品种有萨福克羊、道赛特羊、特克塞尔羊、杜泊绵羊、澳洲白绵羊、美利奴羊、夏洛莱羊、波尔山羊、努比山羊。从省外引进的蛋鸡品种有京红1号；羊品种有辽宁绒山羊、内蒙古绒山羊、小尾寒羊、湖羊、乌珠穆沁羊、阿勒泰羊、简阳大耳羊、藏羊等。

（二）杂交改良

1. 猪的品种改良 山西省1925年就引进巴克夏种猪进行推广，1949年之后先后引进内江猪、荣昌猪、大约克夏猪、巴克夏猪等脂肪型猪品种对本地猪进行杂交改良，效果明显。20世纪80年代后，陆续引进长白猪、大白猪、杜洛克猪等品种，生产瘦肉率高、生长速度快的优质商品猪。

2. 鸡的品种改良 20世纪50年代和60年代先后从北京引进来航鸡、九斤黄鸡等优良种公母鸡和种蛋进行扩群繁殖。70年代末以来，山西省从国内外大量引进蛋用良种鸡和肉用良种鸡，逐步取代了本地鸡。90年代后，陆续从其他省市以及美国、荷兰、以色列等地引进蛋用良种鸡海兰褐鸡、罗曼褐鸡、海赛克斯鸡、依莎鸡、宝万斯鸡、新红褐鸡、尼克红鸡等，肉用良种鸡艾维因鸡、三黄鸡、AA肉鸡等。从山东等地引进的特色鸡种绿壳蛋鸡在长治、太谷等地也有发展。进入21世纪，全省蛋鸡品种以海兰褐鸡、罗曼褐鸡为主，占95.8%，肉鸡品种有三黄鸡、麻鸡、AA肉鸡、艾维因鸡等，其中我国地方优质鸡的饲养量占76%。

3. 牛的品种改良 山西省牛的品种改良分为两个方向：一是肉用方向。1973年引进的肉用海福特牛冷冻精液和人工授精技术改良本地黄牛肉的试验，成功后，先后从英国、法国、德国、澳大利亚、加拿大等国引进海福特牛、短角牛、安格斯牛、夏洛莱牛、西门塔尔牛、利木赞牛、皮埃蒙特牛等肉用和肉乳兼用品种公牛，生产冷冻精液，用于黄牛改良。到2016年，全省存栏肉牛达到150.2万头，出栏97.2万头，牛肉产量15.7万t。二是奶用方向。1958年从荷兰引进荷兰牛98头，1960年又从北京、东北引进黑白花奶牛公牛进行杂交改良。1974年以后从美国、加拿大以及北京引进优良种公牛的冷冻精液进行改良，进一步提高了奶牛群的质量。到2016年，全省奶牛存栏44.6万头，其中荷斯坦奶牛存栏43.5万头，牛奶总产量95万t，人均25.9kg。

4. 羊的品种改良 山西省羊的品种改良分为三个方向。第一个是细毛羊繁育改良。据记载，清朝末年就引入6只美利奴羊，1919年从澳大利亚引入澳洲美利奴细毛羊1 000余只。新中国成立后，山西又先后引入高加索美利奴羊、苏联美利奴羊、我国的新疆美利奴羊等细毛羊品种进行杂交改良。20世纪70年代初期，山西农业大学吕效吾主持制订了《山西省毛肉兼用细毛羊育种方案（草案）》，对改良羊进行整群、鉴定和横交固定，1983年育成山西细毛羊新品种。第二个方向是绒山羊的繁育改良。1979年开始从辽宁盖县引进辽宁绒山羊，在石楼、岢岚、偏关、宁武、静乐、兴县、临县、中阳、隰县、蒲县、永和、吉县12个县进行绒山羊改良，逐渐形成了以沿黄河流域23个县为主的绒山羊生产带，在此基础上横交固定，于2011年成功培育了山西省第一个绒山羊品种——晋岚绒山羊。到2016年年底，全省存栏绒山羊409.3万只，羊绒产量1 487.1t，只均产绒363g。第三个方向是肉羊的繁育改良。1993年首次引入夏洛莱肉用绵羊品种，1999年从新西兰引入波尔山羊50只，开始肉用绵羊和肉用山羊的杂交改良，改良羊在初生重、断奶重及生长速度方面比本地羊均有明显的提高。1999年和2000年，分别从我国新疆和澳大利亚引进了道赛特羊、萨福克羊种羊96只，在大同、朔州、忻州、晋中建立了20个肉羊基地县；后又引入道赛特羊、萨福克羊、特克塞尔羊、南非美利奴羊、杜泊绵羊、澳洲白绵羊、波尔山羊等肉用种羊，年改良肉羊达到500余万只。在20世纪末，山西省还进行过毛用山羊的繁育改良。1986年山西从澳大利亚引进安哥拉毛用山羊24只，纯繁的同时，对中条山一带的本地山羊进行杂交改良，但由于规模小、市场空间小，改良工作仅仅持续了10年左右。

（三）新品种培育和推广

1. 晋岚绒山羊的培育 晋岚绒山羊是山西省牧草工作站主持、多个单位联合培育的山西省第一个绒山羊品种，2011年4月通过国家畜禽遗传资源委员会的初审，2011年10月通过国家畜禽遗传资源委员会的审定（农03新品种证字第9号），并发布公告（农业部公告第1662号）。

晋岚绒山羊是以辽宁绒山羊为父本、吕梁黑山羊（青背山羊类群）为母本，采用杂交育种方法育成的，具有遗传性能稳定、产绒量高、绒细度好、适应性强等特点。晋岚绒山羊被毛全白色，成年母羊平均产绒量480g以上，羊绒细度15.0μm以下，绒毛自然长度5.0cm以上，净绒率60%以上，体重30kg以上，产羔率105%以上。成年公羊平均产绒量750g以上，羊绒细度16.5μm以下，绒毛长度6.0cm以上，净绒率60%以上，体重40kg以上。

晋岚绒山羊的培育过程主要分为3个阶段。1980—1996年为杂交改良阶段。先后引入5批辽宁绒山羊与当地的吕梁黑山羊进行杂交，期末改良羊存栏28.8万只。1997—2006年为横交固定阶段，对达到理想型指标的群体进行横交固定，自群繁育，迅速扩大数量，期末理想型个体的数量发展到8.2万只。2007—2010年为选育提高阶段，应用先进的技术手段进行晋岚绒山羊的选育提高，并在主产区进行了中试推广试验，期末达到新品种标准羊只数量13.6万只。

2. 晋汾白猪的培育 晋汾白猪是山西农业大学主持培育的山西省第一个国家级猪新品种。2014年通过国家畜禽遗传资源委员会审定（农01新品种证字第24号），并发布公告（农业部公告第2068号）。

晋汾白猪汇集了太湖猪、马身猪、长白猪和大白猪等国内外最具代表性猪种的优良基因，发情明显、易配种，产仔数量比外种猪多1～2头，育成率高3个百分点；抗病力强，保健费用降低20%；容易管理，适应大规模的产业化生产和农户分散饲养。利用晋汾白猪与杜洛克猪杂交生产商品猪，杂交后代杂种优势明显，生长速度快，适合集约化生产。晋汾白猪对不同的地域生态和气候条件具有很好的适应性。

晋汾白猪采取边选育边推广的模式，目前已建立3个核心选育场，2个公猪站，13个扩繁场和51个自繁场（包括小区、场、户），分布于山西全省11个地市、21个县（区市）及周边省、自治区。2011年，育种单位采取一条龙经营模式，对晋汾白猪进行种猪繁育推广、优质商品猪育肥、冷链屠宰加工、品牌销售专卖的全产业链开发，并注册了“憨香”牌商标，在运城市建立了专卖店，专门销售卤肉和冷鲜肉。至2016年，晋汾白猪繁育能力达到10万头规模，全年推广晋汾白猪种猪2.13万头，生产晋杂优质商品猪15万头，产业化格局初露端倪。

三、山西省畜禽种质资源保护现状及思路

（一）畜禽遗传资源概况

1979—1983年，山西省首次对地方畜禽遗传资源进行调查摸底，调查了26个品种，筛选出18个品种，编辑出版了《山西省家畜家禽品种志》。2006—2008年，山西省再次对地方品种进行调查摸底，调查了23个品种，筛选出20个品种推荐列入《中国畜禽遗传资源志》，入选14个品种。2016年，借助国家人力资源和社会保障部项目的支持，结合保种知识的普及和技术培训，对20个保护品种和2个新培育品种的分布、规模进行调查摸底，晋中绵羊、太行山羊、广灵大尾羊、洪洞奶山羊、中华蜜蜂5个品种存栏量较大，晋南牛、右玉边鸡、广灵驴、马身猪4个品种基本保持稳定，灵丘大青背山羊、阳城白山羊、山西细毛羊、陵川半细毛羊、吕梁黑山羊、山西黑猪、太原花猪7个品种存栏量呈下降趋势，平陆山地牛、晋南驴、临县驴3个品种存栏很少，襄汾马没有发现。

（二）畜禽遗传资源保护成效

1. 确立省级畜禽遗传资源保护品种 2009年，山西省农业厅发布《山西省省级畜禽遗传资源保护名录》，确定20个品种为省级畜禽遗传资源保护品种，分别是马身猪、山西黑猪、太原花猪、晋南牛、平陆山地牛、黎城大青羊、吕梁黑山羊、洪洞奶山羊、灵丘青背羊、阳城白山羊、广灵大尾羊、山西细毛羊、晋中绵羊、陵川半细毛羊、广灵驴、晋南驴、临县驴、边鸡、襄汾马、中华蜜蜂。2014年，农业部修订《中国国家级畜禽遗传资源保护名录》，

确定山西省的马身猪、晋南牛、太行山羊（黎城大青羊）、广灵驴、边鸡、中华蜜蜂 6 个品种为国家级保护品种。

2. 初步建立以保种场为主、保护区和基因库为辅的畜禽遗传资源保种体系 山西省有 4 个国家级保种场、1 个国家级保护区、1 个省级保护区，对地方品种实行活体保种。4 个国家级保种场为国家级马身猪保种场（2009 年，农业部公告第 1058 号）、国家级广灵驴保种场（2009 年，农业部公告第 1058 号）、国家级晋南牛保种场（2012 年，农业部公告第 1828 号）、国家级边鸡保种场（2014 年，农业部公告第 2234 号），1 个国家级保护区为国家级广灵驴保护区（2009 年，农业部公告第 1058 号），1 个省级保护区为省级中蜂保护区（2016 年，山西省农业厅公告第 005 号）。2003—2012 年，农业部畜禽遗传资源保存利用中心相继保存了晋南牛、晋中绵羊、吕梁黑山羊、黎城大青羊、广灵大尾羊等品种的冷冻胚胎和冷冻精液。2017 年，该中心继续开展广灵驴和晋南牛的基因入库工作。

3. 畜禽遗传资源的研究开发利用进展顺利 晋南牛保种群已进行 DNA 分子血统鉴定，基因芯片技术将逐步成为今后选育晋南牛核心群的主要措施之一。晋南牛和红安格斯牛、利木赞牛杂交，肉用性能显著提高。黎城大青羊和波尔山羊、金堂黑山羊杂交，双羔率显著提高。辽宁绒山羊与吕梁黑山羊杂交，培育出山西省第一个绒山羊品种——晋岚绒山羊。马身猪与其他品种杂交，培育出山西省第一个猪品种——晋汾白猪。边鸡应用分子标记辅助技术育成了快长型（AA）和慢长型（GG）两个新品系，选育出适合我国北方饲养的快速型、中速型和慢速型地方鸡配套系，并建立了边鸡保种和开发利用技术体系。目前，对地方品种猪的专门化选育和开发利用已经起步。

各　论

猪 品 种

马 身 猪

马身猪按体型大小分为大马身、二马身和钵盂猪。1984年列入《山西省家畜家禽品种志》，2011年列入《中国畜禽遗传资源志·猪志》，2014年入选《国家级畜禽遗传资源保护名录》。

一、一般情况

（一）产地和分布

大马身猪主要分布在山西省北部边远山区；钵盂猪产于山西省的平川地区，现已灭绝；二马身猪遍布于山西全省，尤以丘陵山区为多，如山西省北部的神池、五寨、灵丘等地。

（二）产区生态环境及品种形成

马身猪主要分布于山西省西北部地区，属华北黄土高原的高寒地带。当地多西北风，年平均气温－12.8～－6.3℃，1月最冷，平均气温－11.3℃，极端最低温－29.1℃。无霜期100～120d，年日照时间2 200～2 900h。气候冬春寒冷、夏秋温凉，以玉米、谷子、马铃薯、莜麦、大豆、高粱等旱作农作物为主。在长期的饲养过程中，马身猪以这些农作物及其副产品作为主要的饲料来源，逐渐形成了耐粗饲、杂食性强的特性，在高寒低营养水平下仍能维持正常的生产性能。

由于山西省大同市人口众多、民族汇聚、气候寒冷，当地人尤其喜欢脂肪含量高的动物食品，可以起到御寒和暖胃的作用。因此，在长期的社会需求下，马身猪逐渐向脂肪型转变。

（三）品种生物学特性及生态适应性

20世纪70年代调查，马身猪适应性很强，在低温环境下猪舍内可不铺垫草、不采取任何保温措施。直到现在，成年马身猪依然饲养在半开放的猪舍，仍表现出良好的健康状况。

二、品种来源及发展

（一）品种来源

马身猪现存两个较大群体，一个是大同市种猪场马身猪保种群，该群体存栏基础母猪150头、公猪15头。另一个为灵丘太白山区保护区，有基础母猪20头、公猪5头。其他地区零星饲养马身猪约200头。

20世纪60年代前，山西省各地及周边地区普遍饲养马身猪。到70年代，由于大规模的杂交改良，马身猪的数量急剧下降，濒临灭绝。1974年，在著名养猪专家张龙志教授的呼吁下，有关单位深入山西省宁武、朔州、繁峙、五台等地收集马身猪母猪24头、公猪4头，在大同市种猪场进行保种繁育。80年代末至90年代初，种群数量发展到基础母猪80头、公猪16头，后备母猪150头、后备公猪20头的规模，并向其他国营保种场提供一定数量的后备种猪。

（二）群体规模

近年来，马身猪保种规模有所扩大，但生产群体仍然很小，目前仅存有6个血统、15头公猪，群体平均近交系数5.2%，品种仍处于濒危状态。

三、体型外貌

马身猪体型较大，体质偏细致疏松型，属脂肪型猪种。全身皮肤、毛均为黑色，皮厚，毛粗而密，冬季密生棕红色绒毛。头形粗重，耳大、下垂超过鼻端，嘴筒粗而长直，面微凹，额部皱纹较深。颈长短适中，背腰稍凹，腹大下垂，臀部倾斜，四肢坚实有力，尾根粗，尾尖稍扁。乳头7～9对，排列均匀。

四、体重和体尺

马身猪体重和体尺见表1。

表1　马身猪的体重和体尺

性别	调查头数	月龄	胎次	体重（kg）	体高（cm）	体长（cm）	胸围（cm）
公猪	10	12	1	123.82±3.85	76.19±1.24	124.06±1.87	115.52±2.17
母猪	50	12	1	110.16±0.69	65.14±0.14	162.91±0.11	114.76±0.27

注：2006年山西省畜禽繁育工作站、山西农业大学、大同市畜牧局组织有关人员，在大同市种猪场测定。

五、产肉性能

马身猪育肥性能见表2，胴体性状见表3。

表 2 马身猪育肥性能

头数（头）	始重（kg）	末重（kg）	增重（kg）	饲养期（d）	日增重（g）	料重比
10	12.00±0.41	98.30±0.32	86.30±1.03	175	493.10±2.14	3.74

注：2006 年大同市种猪场测定。

表 3 马身猪胴体性状

头数（头）	宰前活重（kg）	胴体重（kg）	屠宰率（%）	背膘厚（cm）	瘦肉率（%）	眼肌面积（cm^2）	pH
24	86.83±3.26	60.84±0.50	70.07	3.1	48.63	20.65±0.64	6.2

注：2006 年山西农业大学与大同市种猪场联合对 24 头育肥猪进行胴体性状测定。三点平均背膘厚=（肩部最厚处+最后肋骨处+腰荐结合处）÷3，肌肉 pH 系屠宰现场采用试纸的测定值。

六、繁殖性能

马身猪性成熟早，公母猪在 4 月龄左右、体重 25～35kg 时就有发情表现。初产母猪平均产仔 11.4 头，经产母猪平均产仔 13.6 头。马身猪母猪的繁殖性能见表 4。

表 4 马身猪母猪繁殖性能

调查头数	窝产仔数（头）	窝产活仔数（头）	初生重（kg）	窝重（kg）
40	12.80±0.69	11.92±0.44	1.55±1.26	17.47±0.38

注：2006 年大同市种猪场统计。

七、品种保护与研究利用

大同种猪场从 20 世纪 70 年代开始承担马身猪的保种工作。山西省农业厅每年划拨一定的经费作为马身猪的保种费用，从 1992 年以来每年投入专项补贴 10 余万元。1998 年，大同种猪场开始亏损，马身猪的保护受到很大的影响，再一次陷入濒临灭绝的境地。山西省农业厅一方面筹集资金，加大对马身猪的生产性补贴力度；另一方面和有关部门多次协商，保证资金专款专用；并派专人经常深入保种场进行检查督促，同时把马身猪的系谱档案复制调入省站，实行动态监测。2000 年，马身猪被列入《国家级畜禽品种资源保护名录》，在农业部和省农业厅的支持下，马身猪群体有了一定的恢复。随后山西省农业厅制订了马身猪保护计划：①建设好马身猪保种场，加强对马身猪保种专项经费的投入和监督。②建立有效的原位保种系统。从 2002 年开始在阳高、天镇、广灵、灵丘、繁峙、五台等地的偏僻、高寒山区建立马身猪产地保护区，把一部分马身猪放回到农户家中，与农户签订合同，农户每三年为保种场提供一头马身猪，其他时间可无偿利用马身猪进行杂交。对进入农户的马身猪进行良种登记，并统一配置公猪。

对马身猪进行保种的同时，大力开展资源的开发利用，相继利用马身猪在20世纪70年代培育成山西黑猪、80年代培育成太原花猪、90年代培育成新山西黑猪、2007年培育成山西白猪等品种（品系），其中山西黑猪、太原花猪这两个培育品种都收录于《中国培育猪种志》中。2014年，晋汾白猪通过国家审定，列为2015年、2016年农业部主导品种。利用马身猪进行的长大杜本四元杂交猪的日增重可达到653g，胴体瘦肉率60.38%。利用大白猪与马身猪进行杂交试验，杂交猪平均日增重731.4g，170日龄体重达90kg，料重比3.40；平均屠宰率70.68%，瘦肉率57.90%，背膘厚3.64cm，眼肌面积35.60cm^2。

八、品种评价和展望

马身猪是中国优良地方猪种之一，具有悠久的历史。该品种具有繁殖力强、母性好，耐粗饲，抗寒性、抗病性、适应性强，早熟易肥，肉质细嫩鲜美，杂交配合力强等优点。缺点为生长发育较慢，瘦肉率低。要加强纯种的保护和利用，研究群体遗传结构的变化规律，制订科学合理的保种措施。同时，可根据市场的需要，采用产业化生产模式，生产优质高档猪肉。通过不同的生产方式，如纯种育肥、杂交等方式生产适应市场需求的各种猪肉产品，马身猪的遗传优势变为生产优势，为养猪业的发展做出贡献。

山 西 黑 猪

山西黑猪是由原山西农学院（今山西农业大学）、大同市种猪场和原平种猪场共同培育而成。1983年通过山西省科学技术委员会组织的鉴定，1984年列入《山西省家畜家禽品种志》。

一、中心产区及分布

山西黑猪中心产区位于山西中北部的大同市和忻州市，主要分布于大同县、忻府区、原平、代县、河曲、定襄、五台、怀仁、左云、右玉、太谷等地。

山西黑猪在20世纪80年代得到快速发展，养殖规模达到2万多头；到

90 年代，养殖数量开始下降。后随着山西黑猪新品系的选育成功，数量得到恢复，累计推广种猪 4 000 多头。目前，山西黑猪现存 1 个原种场，核心群规模为 100 头母猪、10 头公猪。在山西中北部、内蒙古、河北等周边地区饲养山西黑猪约 2 000 头。

二、培育过程

（一）育种素材

山西黑猪的培育亲本为巴克夏猪、内江猪和马身猪。

（二）技术路线

①1957—1971 年，原山西农学院张龙志教授等以巴克夏猪、大约克夏猪、苏白猪和内江猪为父本，以马身猪以及一代杂种猪为母本，进行了 17 个杂交组合的试验。通过中等和低等饲养水平及重复和中间试验，以观测的主要指标进行评定，筛选出最优组合。②1972—1978 年，制订了山西黑猪育种计划，山西农学院、山西省农业厅和山西省农业科学院等单位组成山西黑猪育种协作组。大同市种猪场和原平市种猪场分别利用巴克夏猪、内江猪和马身猪杂交，建立基础群。③1978—1983 年，经过三个世代的选育，猪群的体型外貌趋于一致，毛色分离现象显著下降，主要经济性状达到和超过育种指标。1983 年 5 月“山西黑猪”新品种通过山西省科学技术委员会组织的鉴定。

三、体型外貌

山西黑猪全身被毛乌黑，头大小适中，额宽、有皱纹，嘴中等长而粗，面微凹；耳中等大，耳根较硬，稍向前倾且下垂。体型匀称，背腰平直宽阔，腹较大、不下垂，臀宽、稍倾斜，四肢健壮。乳头 7 对以上，排列整齐。

四、体重和体尺

山西黑猪体重和体尺见表 5。

表 5 山西黑猪体重和体尺

性别	调查头数	月龄	体重（kg）	体高（cm）	体长（cm）	胸围（cm）
公猪	11	8	98.12±1.06	78.02±2.00	151.35±0.91	131.22±4.27
母猪	35	8	92.50±1.11	63.00±0.54	123.00±2.03	106.00±1.25

注：2008 年山西省畜禽繁育工作站、山西农业大学、大同市畜牧局、大同市种猪场联合调查统计。

五、产肉性能

山西黑猪育肥性能见表 6，胴体性状见表 7。

表 6　山西黑猪育肥性能

头数（头）	始重（kg）	末重（kg）	增重（kg）	日增重（g）	料重比
24	20.6	91.8	71.2	642.2	3.21

注：2008 年山西农业大学在大同市种猪场对 24 头育肥猪进行了测定。

表 7　山西黑猪胴体性状

头数（头）	宰前活重（kg）	胴体重（kg）	屠宰率（%）	背膘厚（mm）	瘦肉率（%）	眼肌面积（cm^2）
24	92.5	67.0	72.43	26.3	49.42	29.20

注：2008 年山西农业大学在大同市种猪场对 24 头育肥猪进行了测定，并进行了肉质测定，肌肉嫩度 34.2N，失水率 1.6%，肉色评分 3 分。

六、繁殖性能

山西黑猪公猪 4 月龄左右开始出现性行为，6～7 月龄时性欲旺盛，一般在 8 月龄、体重 80kg 左右开始配种。采精一次的滤过量 180～240mL，精子密度中等。一般繁殖利用年限 4～6 年。母猪初情期平均 156d，发情周期 20d，发情持续期 3.3d，断乳后再发情 7～10d，妊娠期 115.5（109～119）d，情期受胎率 98%，繁殖利用年限 6～8 年。山西黑猪繁殖性能见表 8。

表 8　山西黑猪母猪的繁殖性能

调查头数	窝产仔数（头）	窝产活仔数（头）	初生重（kg）	初生窝重（kg）
56	12.04	11.80	1.5	18

注：2006 年大同市种猪场统计。

七、品种推广应用与研究

山西黑猪是目前生产优质猪肉的主要原料。用山西黑猪母猪与长白猪和大约克夏猪公猪进行二元和三元杂交，大约克夏猪×山西黑猪一代杂种育肥猪日增重约为 573.0 g，长白猪×山西黑猪一代杂种育肥猪日增重为 562.4 g，长白猪×（大约克夏猪×山西黑猪）一代杂种育肥猪日增重为 547.2 g。大约克夏猪×山西黑猪一代杂种育肥猪的腿臀比例比山西黑猪提高 0.35 个百分点，胴体瘦肉率提高 7.91 个百分点；长白猪×山西黑猪一代杂种育肥猪的腿臀比例和胴体瘦肉率分别提高 0.68 个百分点和 5.98 个百分点；长白猪×（大约克夏猪×山西黑猪）一代杂种育肥猪的腿臀比例和胴体瘦肉率分别提高 0.84 个百分点和 11.22 个百分点。

1991 年由山西农业大学周忠孝教授主持，山西省农业厅、大同市种猪场等单位协作研究，以山西黑猪作为母本，与杜洛克猪杂交后，采用群体继代选育法进行选育，经 6 个世代的选育，育成了新山西黑猪（山西 SD-Ⅱ系）。

八、品种评价和展望

山西黑猪繁殖力较高，抗逆性强，生长速度快，与长白猪和大约克夏猪杂交效果较好。但其体质较疏松，早期屠宰率稍低，胴体瘦肉率不高。今后应加强选育，改善饲养管理，使其体型外貌更趋于一致，生产性能进一步提高。它与长白猪和大约克夏猪等的杂交效果较好，所以应继续开展以山西黑猪为母本的杂交试验，以期在培育新的品种中发挥更大的作用。

太原花猪

太原花猪是由山西农业大学、太原市农牧场等单位共同培育而成。1990 年 12 月通过山西省科学技术委员会组织的鉴定。

一、中心产区及分布

太原花猪中心产区位于山西省中部地区，培育于山西省太原市农牧场，后逐渐分布于山西省全省各地，尤以山西中、东、北部最多。主要分布在太原市、晋中市、忻州市、长治市等地。

二、培育过程

（一）育种素材

太原花猪的培育亲本为巴克夏猪、苏联大白猪和山西本地马身猪。

（二）技术路线

1951 年，太原市农牧场从河北省张北地区和北京市引入苏联大白猪和巴克夏猪。1957 年，山西农学院用引入的苏联大白猪和巴克夏猪作为父本，与本地的马身猪类群进行杂交（部分掺入少量东北花猪的血液），1959—1964 年进行横交，固定理想类型，经长期选育而逐步定型。

为了提高其遗传及生产性能，1981 年开始调查品系现状，1985 年建系，采用群体继代选育法进行选育，经四个世代的选育，于1990年达到选育目标而命名。同年12月24日，由山西省科学技术委员会组织国内同行专家进行了鉴定验收，该品系综合指标达到和接近世界先进水平。成果于1994年获山西省科技进步一等奖。

（三）群体规模

太原花猪的培育在20世纪60年代得到快速发展，仅太原周边地区就饲养母猪2.7万余头，90年代主要分布在太原小店区及周边饲养场。

选育结束后，其中太原农牧场（原种场）有母猪300余头、公猪20余头，协助单位饲养母猪500余头、公猪30余头，农户饲养种猪3 000余头，主要分布于6个市的25个县区。累计推广种猪2.6万余头，生产商品猪70余万头。同时，作为育种素材，培育了山西黑猪SD-Ⅲ系。

三、体型外貌

太原花猪被毛为黑白花，头中等大，耳中等大、半直立稍前倾，嘴筒直、中等长。体型较大，体躯较长，结构匀称，体质结实。四肢较高而结实，背腰直，腹不下垂，腿臀较丰满。有效乳头6对以上，排列整齐、对称。

四、体重和体尺

太原花猪体重和体尺见表9。

表9　太原花猪体重和体尺

性别	调查头数	月龄	体重（kg）	体高（cm）	体长（cm）	胸围（cm）
公猪	30	6	78.72±1.45	62.85±0.27	112.72±0.84	98.36±0.71
母猪	99	6	76.88±0.71	62.02±0.16	110.17±0.50	97.51±0.57

注：1990年山西农学院在大同市种猪场测定。

五、产肉性能

太原花猪育肥性能见表10，山西黑猪胴体性状见表11。

表10　太原花猪育肥性能

头数（头）	始重（kg）	末重（kg）	出栏时间（d）	总增重（kg）	日增重（g）	料重比
24	25	90	182	64	677.5±6.09	3.36

表 11　山西黑猪胴体性状

头数（头）	宰前活重（kg）	胴体重（kg）	屠宰率（%）	背膘厚（mm）	瘦肉率（%）	眼肌面积（cm^2）
24	90	78.63	75.72	26.30	56.19	28.71

注：1990 年山西农学院在大同市种猪场对 24 头育肥猪进行了测定，并进行了肉质测定，失水率 20.77%，肉色评分 3.2 分。

六、繁殖性能

太原花猪公猪 4 月龄左右时开始出现性行为，6～7 月龄时性欲旺盛。一般在 8 月龄、体重 80kg 左右开始配种，繁殖利用年限 4～6 年。母猪 5 月龄左右初情，8 月龄、体重达 100kg 开始配种。发情症状明显，发情持续期 3～5d，发情周期 21d，情期受胎率 89%。初产母猪窝产仔数 10.60 头，经产母猪窝产仔数 12.03 头。太原花猪繁殖性能见表 12。

表 12　太原花猪繁殖性能

调查头数	窝产仔数（头）	窝产活仔数（头）	初生重（kg）	初生窝重（kg）
48	12.01±0.04	11.50±0.27	1.47	16

注：2006 年山西省畜禽繁育工作站统计。

七、品种推广应用与研究

以太原花猪为母本，与长白猪和杜洛克猪及大约克夏猪公猪进行二元和双杂交，其中，长白猪×太原花猪杂交一代育肥期日增重 678.23g、杜洛克猪×太原花猪杂交一代育肥期日增重 670.48g，长白猪×太原花猪杂交一代每千克增重耗料 3.17kg、杜洛克猪×太原花猪杂交一代每千克增重耗料 3.33kg，杜洛克猪×太原花猪杂交一代瘦肉率 58.29%、长白猪×太原花猪杂交一代瘦肉率 57.63%；双杂交组合“长大杜花”育肥期日增重 699.67g，每千克增重耗料 3.15kg，瘦肉率 61.96%。

1992 年由山西农业大学、山西省农业厅、长治市种猪场等单位协作研究，以太原花猪作为母本，与皮特兰猪进行两品种杂交，采用群体继代选育法进行选育，经五个世代的选育，育成了山西 SD-Ⅲ系。

八、品种评价和展望

太原花猪繁殖力较高，抗逆性强，生长速度快，屠宰率高，胴体瘦肉率适中，与长白猪和杜洛克猪杂交效果较好。肉质好，是生产优质猪肉的特色原料。今后应积极开展保护与利用工作，以期在培育新的品种和杂交利用中发挥更大的作用。

晋汾白猪

晋汾白猪是由山西农业大学、山西省畜禽繁育工作站、大同市种猪场和运城市盐湖区新龙丰畜牧有限公司等单位共同培育而成。2014 年通过国家畜禽遗传资源委员会组织的鉴定。

一、中心产区及分布

晋汾白猪广泛分布于山西省大同、运城、晋城、临汾、朔州、忻州、晋中、长治等大部分地区，其中，大同、运城建有 2 个核心育种场，全省各市建有 13 个扩繁场、51 个自繁场。

二、培育过程

晋汾白猪是以马身猪、二花脸猪、长白猪和大白猪为育种素材，经复杂杂交和横交建群后，采用群体继代选育法培育的瘦肉型猪新品种。自 1993 年开始，通过杂交和横交固定，经六个世代选育，育成山西白猪高产仔母系；2004 年，以山西白猪高产仔母系为母本，大白猪为父本，通过杂交和横交固定，再经 6 个世代选育而成晋汾白猪新品种。

三、体型外貌

晋汾白猪被毛白色、有光泽，体质紧凑结实。头大小适中，颜面微凹，耳中等大小、稍竖立、呈侧前倾。体躯较长，背较宽，背腰平直，胸宽深，腹线上收，臀部丰满。四肢健壮，蹄趾结实。乳头排列均匀、整齐，发育良好，有效乳头数 7 对以上。成年公猪（24 月龄）体重 265（255～275）kg，成年母猪（24 月龄）体重 230（210～250）kg。

四、体重和体尺

晋汾白猪体重和体尺见表 13。

表 13　晋汾白猪体重和体尺

性别	月龄	体重（kg）	活体背膘厚（mm）
公	6	105（95～116）	14（13～15）
母	6	102（91～113）	14（13～15）

6 月龄后备公猪体重 105（95～116）kg，活体背膘厚（6～7 肋背膘厚）

14（13～15）mm。6月龄后备母猪体重102（91～113）kg，活体背膘厚14（13～15）mm。

五、生产性能

育肥性能：在育肥期内（20～100 kg），日增重810（750～860）g，每千克增重耗饲料2.85（2.75～2.95）kg，167（162～172）d日龄体重达100kg。

胴体品质：育肥猪100kg屠宰，屠宰率72.0%（70.0%～75.0%），三点背膘平均厚22（21～23）mm，眼肌面积40（37～42）cm^2，胴体瘦肉率60.0%（58.0%～63%），无PSE或DFD肉。

肉质性状：育肥猪100kg屠宰，背最长肌切面色泽鲜红，pH_{24} 6.2（6.1～6.3），肌内脂肪2.65%（2.5%～2.9%）。48h滴水损失小于3.0%，不出现PSE或DFD肉。

六、繁殖性能

晋汾白猪初情期为5～6月龄，发情周期为21（19～22）d，初次配种时间通常在第二个情期，初配体重89（83～95）kg。初产母猪窝产仔数11（10～13）头，28日龄断奶窝重65（59～71）kg；经产母猪窝产仔数13（12～14）头，28日龄窝重76（74～78）kg。

七、推广应用与研究

晋汾白猪作为母本，比普通大白猪、长白猪多产仔1～2头。抗病力强，育成率比引进（普通）猪种高3个百分点，保健费用节省20%以上。与杜洛克猪杂交产生的杜晋商品猪生长速度快、肉质好，适合产业化生产，逐步建立起由核心场→扩繁场→商品场构成的三级繁育推广体系，已累计推广晋汾白猪4万余头，精液15万余份。

八、评价和展望

晋汾白猪由马身猪、二花脸猪、长白猪和大白猪四个国内外具有鲜明特点的代表性猪种合成，血统来源丰富，基因互作性能强，保证了晋汾白猪性能的全面均衡。其繁殖性能好，生长发育快，肉品质好，商品猪生产性能高、肉质佳。推广晋汾白猪可推动优质健康生猪产业发展，促进生猪产业转型升级。

鸡 品 种

边 鸡

边鸡又称右玉鸡，属蛋肉兼用型。1984 年列入《山西省家畜家禽品种志》，2011 年列入《中国畜禽遗传资源志·家禽志》，2014 年入选《国家级畜禽遗传资源保护名录》。

一、一般情况

（一）中心产区及分布

边鸡原产于山西省右玉县长城一带，以杀虎口、李达窑、破虎堡、丁家窑一带品质较好。最近的 20 多年中，分布由过去的五个乡镇缩小到李达窑乡一带的偏远山村。

（二）产区自然生态条件及对品种形成的影响

边鸡原产地位于山西西北边陲，属于高原丘陵型，平均海拔 1 500m，最高海拔 1 969m，最低海拔 1 230m。属大陆季风气候，四季分明，全年最高气温 36℃，最低气温－40.4℃，平均气温 3.6℃。无霜期平均 100d，光照充足，全年日照时数 2 916.6h，平均年降水量 428mm，降水主要集中于 6—8 月，其中 7—8 月降水量 235.8mm，占全年降水量的 52.5％。年平均风速 2.6m/s，冬季平均风速 2.5m/s，春季风速 3.3m/s，年平均出现≥8 级大风日数 29d。土质主要为栗钙土、风沙土。右玉县现有耕地 4 万 hm^2，林地约 2.5 万 hm^2，草地约 2 万 hm^2，湿地 2 万 hm^2，其他 2.4 万 hm^2。农作物种类主要为莜麦、玉米、豆类、马铃薯和胡麻等，近几年部分村镇开始种植青贮玉米，全县 2007 年粮食总产为 660 万 kg。

（三）品种生物学特性及生态适应性

边鸡对当地寒冷气候有良好的适应性，具有耐粗饲、抗寒、抗病力强的特点。

二、品种来源及发展

（一）品种来源

据民间相传，乾隆年间（约公元1750年），来自奉天府（今辽宁一带）的大骨鸡和原绥东四旗（今乌兰察布盟一带）鸡的杂交后代，经过多年风土驯化和自然选育形成了边鸡这个地方优良品种。由于主要分布在长城一带，当地人视长城为边墙，故群众称之为“边鸡”。

边鸡主要用于加工熏鸡，右玉熏鸡曾经与卓资山熏鸡齐名，享誉百年之久。

（二）群体规模

2007年，山西省农业科学院畜牧兽医研究所在原产地采集边鸡和鸡蛋，组建保种群，至2016年年底完成十一个世代家系繁育工作，通过分品系家系纯繁，保种群母鸡数量保持在3 000只，3个品系家系总数达130个以上。选育出麻羽单冠、黑羽单冠、白羽单冠、白羽复冠及有色羽复冠五个具有不同表型特征的品系，并建立了完整的系谱档案。目前，群体数量大约1.2万只。

三、体型外貌

边鸡全身羽毛蓬松，体躯深宽，前胸发达，头尾上翘，呈元宝状。喙短粗、略弯，以黑、褐、黄色居多，冠齿5～8个，间有少量草莓冠、豌豆冠，呈红色。肉髯呈红色。耳叶呈黄色、白色或深棕色。虹彩呈橘红色。皮肤呈淡黄色。胫多呈黑色，少数呈肉色、灰色，胫羽发达。

公鸡羽色主要为红黑或黄黑色。颈羽多呈红黑色，少数呈黄色、红色，背羽呈红色，主翼羽、腹羽和鞍羽呈深红色，尾羽墨绿色，主尾羽下垂，部分个体具有特殊的软尾。母鸡冠较小，羽色较杂，有白、灰、黑、浅黄、麻黄、红灰等色，颈羽、尾羽多呈麻色，少数为黑色，主翼羽、背羽呈黑色或麻色，腹羽呈麻黄色，鞍羽呈麻色或黑色。雏鸡绒毛多呈淡黄色。

四、体重和体尺

成年边鸡体重和体尺见表14。

表14 成年边鸡体重和体尺

性别	体重（g）	体斜长（cm）	胸宽（cm）	胸深（cm）	胸角	龙骨长（cm）	骨盆宽（cm）	胫长（cm）	胫围（cm）
公	1 851±45.9	23.2±0.6	7.9±0.2	10.4±0.3	68.2±1.83	12.79±0.3	8.8±0.2	10.49±0.2	4.04±0.2

（续）

性别	体重（g）	体斜长（cm）	胸宽（cm）	胸深（cm）	胸角	龙骨长（cm）	骨盆宽（cm）	胫长（cm）	胫围（cm）
母	1 526±45.7	21.6±0.9	7.3±1.1	9.2±0.3	63.9±1.91	11.2±0.3	7.8±0.3	9.2±0.2	3.6±0.2

注：2005—2006 年在右玉边鸡鸡场测定，公母各 30 只，300 日龄左右。

五、生产性能

（一）肉用性能

边鸡生长期不同阶段体重见表 15，屠宰性能见表 16。

表 15　边鸡生长期不同阶段体重

性别	初生重（g）	4 周龄体重（g）	8 周龄体重（g）	12 周龄体重（g）
公	38.1±1.3	106.5±1.4	301.6±1.6	590.6±1.6
母	37.9±1.1	103.6±1.4	268±1.2	514.9±1.5

注：2005—2006 年在右玉边鸡鸡场测定，公母各 30 只，300 日龄左右。

表 16　边鸡屠宰性能

性别	活重（g）	屠体重（g）	屠宰率（%）	半净膛率（%）	全净膛率（%）	腹脂重（g）	腿肌重（g）	胸肌重（g）
公	1 850±47	1 639±35	88.6±2.2	77±2.3	72±3.4	2.6±0.3	64.3±4.1	197.1±12.7
母	1 500±44	1 260±79	83.9±3	74±2.1	65±2.2	2.77±0.1	36.1±3	145±17

注：2005—2006 年在右玉边鸡鸡场测定，公母各 30 只，300 日龄左右。

（二）蛋品质

边鸡蛋品质见表 17。

表 17　边鸡蛋品质

蛋重（g）	蛋形指数（mm）	蛋壳强度（kg/cm^2）	蛋壳厚度（mm）	蛋壳色泽	哈氏单位	蛋黄比率（%）
62±4.7	1.3±0.06	4.93±0.52	0.37±0.04	深褐色为主	78.6±3.6	29.0±1.4

注：2005—2006 年在右玉边鸡鸡场测定，公母各 30 只，300 日龄左右。

六、繁殖性能

边鸡 169～185 日龄开产，开产蛋重 39～42g，300 日龄产蛋数 78～88 个、平均蛋重 53.8g，500 日龄产蛋数 123～136 个、平均蛋重 55.7g。种蛋受精率

90%，受精蛋孵化率82%。边鸡就巢性弱，就巢率约5%。

七、饲养管理

边鸡的饲料主要为小米、莜麦、玉米、嫩草和虫类。冬春季节全补饲，以小米、莜麦面煮熟后，加入适量谷糠饲喂，每天每只喂量约100g。夏秋两季以补饲、野外采食相结合的方法饲养，自己采食为主、补饲为辅，补饲主要以玉米、谷子或瘪莜麦等整粒饲料，每天每只50g左右。饲喂方法：冬春季节一天喂两次热食，夏秋两季一般每天一次。

八、品种保护

边鸡采用保种场和基因库保护。2006年国家地方禽种资源基因库引入该品种进行保护，2007年建立保种场，承担保种任务。

九、品种评价与展望

边鸡是一个适合高原丘陵寒冷地区饲养的优良品种，具有耐粗饲、抗寒和抗病的特点，也存在产蛋量低、血斑率高等缺点。边鸡肉质优良，具有皮脆、肉质韧性好，口味、口感好，香味浓郁、细嚼甘甜等特点，是名副其实的天然美味、营养佳品，具有广阔的消费前景。

羊 品 种

黎城大青羊

黎城大青羊又名黎城大青山羊、黎城青山羊、太行山大青羊、太行山羊等，是肉绒兼用型的优良地方品种。1984 年列入《山西省家畜家禽品种志》，2011 年列入《中国畜禽遗传资源志·羊志》。2014 年入选《国家级畜禽遗传资源保护名录》。

一、一般情况

（一）中心产区及分布

黎城大青羊中心产区在黎城县的黎侯镇、上遥镇、西井镇、程家山、黄崖洞等各乡镇，主要分布在太行山东南山麓黎城附近各县，如左权、和顺、榆社、武乡、沁源、平顺、壶关，河北省的涉县、武安，河南省的林州等县，是晋、冀、豫交界地区的一个山羊品种。

（二）产区自然生态条件及对品种形成的影响

黎城大青羊产区位于山西省东南边缘，地处太行山区，大部分为丘陵山岳地带，总面积 1 166km^2。其中平川 130km^2，占总面积的 11%；丘陵 360km^2，占总面积的 31%；山区 676km^2，占总面积的 58%。西北部多山，山谷相连；东部丘陵、山丘被耕地隔散；中部被太行山系环抱，沟壑较深。平均海拔 860m，最低 600m，最高 1 953m。属暖温带大陆性气候，四季分明，春季干旱多风，夏季热而多雨，秋季有时雨涝、有时干旱，冬季寒冷少雪。平均气温 10.4℃，最高气温 38.3℃，最低气温－22℃，年积温 3 167.1℃，平均年降水量 5 68.6mm，雨季集中在 7—9 月，蒸发量为 784.7mm。年日照时数2 548.5h，无霜期 181d。年主导风向为东北风，风力 1.5m/s。

现有耕地 18 902hm^2，占总面积的 15%，土壤可分为褐土、潮黄土、河淤土、山地沙石土四类。区内有 7 个水库。草坡、草山、草地面积 1 073hm^2，主要着生有山羊喜食、生长繁茂的荆条、马棘、白筋、牛筋、黄背、白草等植物。以种植业为主，粮食种植面积 21 940hm^2，主要有小麦、玉米、谷子、高梁、豆类以及薯类等作物，平均年产量分别 24 449t、27 310t、1 941t、869t 和 4 672t。饲料作物种植面积 $50hm^2$，以苜蓿为主，年产量 2 090t。养殖业以羊、猪、禽、大牲畜为主。山区、丘陵占总面积的 89%，为青山羊的发展提供了广阔的草山、草坡。

（三）品种生物学特性及生态适应性

黎城大青羊性情活泼，行动敏捷，爬山性能良好，耐粗饲，抗寒性好。采食主要以灌木、禾本科羊草、豆科、醋柳、菊科等植物为主，一年四季在外放牧。抗病力强，只要饲养管理得当，一般不会发生疾病。每年春秋两季驱虫，除偶有感冒外，一般一生都不得病。防疫主要以口蹄疫、布鲁氏菌病为主，也需对传染性羊口炎和羊痘做好防范。

二、品种来源及发展

（一）品种来源

黎城大青羊的形成历史虽无文献记载，但是根据当地群众反映和实地考察认为，它是生态条件和长期定向培育的产物，是一个古老的地方山羊品种。1958 年被定为山西省省级优良品种，并在主产区建立大青羊种羊场，在山西省畜牧局支持下建立黎城县大青羊种羊场，从技术、资金上给予了大力扶持，种羊场初具规模，并开始了大青羊的纯繁、选育工作。1997 年，由山西省畜牧局和山西省畜禽繁育工作站牵头，在黎城县召开了“山西省黎城大青羊品种选育及产品开发研讨会”，制订了黎城大青羊选育方案，开展了绒肉和肉绒两个品系的选育。经过选育，黎城大青羊的体重和体尺比原来都有显著提高，其中 6 月龄公羊体重比选育前提高 14.3%，母羊体重提高 13.8%；成年公羊体重平均达到 42.67kg，比选育前提高 14.6%。产肉性能也显著提高，宰前活重提高到 23.53kg，提高 12.85%，胴体重提高到 11.25kg，屠宰率比选育前提高 5.45%。在绒用性能方面，选育后的大青羊公羊的只均产绒量由原来的 122g 增加到 143g，提高 17.2%；母羊的只均产绒量由原来的 103g 增加到 119g，提高 15.5%。同时，公母羊的羊毛细度、自然长度及伸直长度也有所提高。

（二）群体规模

据 2015 年年底统计数，黎城大青羊存栏 53.9 万只，其中晋中市存栏 26.4 万只，晋城市存栏 27.5 万只，长治市的存栏量由 2005 年的 2 300 只减少至 700 只。

三、体型外貌

黎城大青羊体质结实，结构匀称，肌肉丰满，体格高大。被毛长而光亮，多呈青色、雪青色。外层毛粗硬而长，富有光泽；内层绒毛紫色而细长，有弹性。头大小适中，面部清秀，额宽平，额前有一绺长毛，鼻梁稍凹，眼大微突，眼圈、鼻梁多为赤褐色，耳长、向左右平伸。公母羊均有角和髯，无角者较少，角属弓形角。公羊角呈螺旋形向外伸展，母羊角小、向后上方伸出，并有拐角、并角、交叉角等几种角形。前胸宽厚，背腰平直，肋骨开张良好，臀部丰满微斜。四肢粗壮，蹄质坚硬、致密，善于登山远牧，姿势雄健，行动敏捷。尾部为短瘦尾，尾尖上翘。

四、体重和体尺

黎城大青羊的体重和体尺见表18。

表18　黎城大青羊体重和体尺

年龄	性别	只数	体重（kg）	体高（cm）	体斜长（cm）	胸围（cm）
初生	公	100	2.45±0.29	28.55±1.69	28.96±2.00	31.00±1.13
	母	135	2.27±0.23	27.65±1.31	27.28±1.62	29.87±1.46
3月龄	公	97	15.13±1.53	47.85±2.32	51.70±2.61	55.90±2.46
	母	122	12.96±1.37	45.20±2.37	49.72±2.40	53.06±2.90
周岁	公	70	19.26±1.48	53.42±1.85	57.51±1.45	68.42±2.11
	母	100	17.79±2.31	51.35±2.13	56.03±2.31	63.25±1.25
成年	公	68	42.67±2.52	67.66±1.63	71.85±2.37	80.74±1.54
	母	96	38.85±1.86	61.46±2.27	65.57±2.03	75.32±2.12

注：根据黎城大青羊羊场历年的档案记录整理计算得出。

五、生产性能

（一）产绒（毛）性能

黎城大青羊的被毛分为内外两层，内层为绒毛色紫而细软；外层毛长而粗硬，并富有光泽。根据毛样分析，发毛占81.97%、绒毛占19.03%。黎城大青羊产绒性能见表19。

表19　黎城大青羊产绒性能

类别	只数	产绒量（g/只）	细度（μm）	自然长度（cm）	伸直长度（cm）	伸长率（%）	强力（g）	净绒率（%）
成年公羊	25	204.69±26.14	13.67±2.45	3.57±0.78	5.37±0.53	50.40±9.70	3.82±0.57	60.80±6.14

（续）

类别	只数	产绒量（g/只）	细度（μm）	自然长度（cm）	伸直长度（cm）	伸长率（%）	强力（g）	净绒率（%）
成年母羊	48	184.76±31.42	13.56±2.27	3.06±0.62	4.59±0.84	50.06±7.53	3.49±0.14	61.19±8.23
周岁公羊	53	169.34±24.31	12.86±1.58	3.25±0.49	4.76±0.74	46.48±8.42	3.14±0.32	63.14±7.39
周岁母羊	75	133.55±29.17	12.73±2.32	2.73±0.51	4.18±0.68	53.13±10.01	2.87±0.26	64.32±7.26

注：2006年山西农业大学对黎城大青羊所产羊绒进行分析所得结果。

（二）产肉性能

黎城大青羊羊肉组织致密，紫红色，鲜嫩可口，膻味小。黎城大青羊产肉性能见表20。

表20　黎城大青羊产肉性能

类别	屠前重（kg）	胴体重（kg）	骨重（kg）	屠宰率（%）	净肉率（%）	肉骨比
10月龄公羊	23.25±1.71	9.50±1.55	1.73±0.20	41.09±1.32	28.78±1.40	3.90∶1
10月龄母羊	17.20±1.60	7.10±1.52	1.05±0.16	41.28±1.25	27.62±1.37	4.53∶1

注：2003年山西省畜禽繁育工作站对放牧＋舍饲条件下的10只10月龄羊屠宰测定结果。

对黎城大青羊肉质分析，蛋白质含量20.9%、粗脂肪含量5.41%，100g鲜肉中含钙152.76mg、磷50.89mg、锌92.17mg、铁26.78mg、硒5.16mg、维生素A 0.83mg、维生素E 0.88mg、胆固醇59.46mg。

六、繁殖性能

黎城大青羊性成熟年龄公羊和母羊均为4～5月龄，初配年龄为1岁左右。公羊一般利用年限为6～7年，母羊一生可产5～6胎。母羊发情周期为18～21d，发情持续期36～48h，在10月下旬到11月下旬配种，多采用本交，一个配种季节每只公羊可配母羊30只。在3月下旬到4月下旬产羔，怀孕期为147～150d，产羔率136%。羔羊初生重公羔2.45kg、母羔2.27kg，羔羊断奶重公羔15.13kg、母羔12.96kg。

七、饲养管理

黎城大青羊性情温驯，易于管理，常年以放牧为主，生活于太行山上的灌木草丛中，以采食多年生灌木为主，以山涧水和井水为主要饮水。母羊配种前一个月统一优饲，促进同期发情。妊娠期前3个月放牧于太行山上的干灌木草丛中，后两个月除放牧外，针对具体情况进行补饲。羔羊提倡早开饲，在1月龄以前，母羊放牧期间羔羊留在圈舍补饲青绿松针叶，母羊归牧后进行哺乳，哺乳期3～4个月。羔羊从1月龄到断奶，每天可进行短距离放牧，增强运动以促进生长发育。

八、品种保护与研究利用

1997年，山西农业大学对山西地方山羊品种进行聚类分析，黎城大青羊虽然生活在北方，但与南方山羊聚为一类，说明与南方山羊具有相同的起源。

1997年，山西省畜禽繁育工作站邀请山西农业大学、山西省农业科学院等单位的有关专家在黎城召开了黎城大青羊保种及产业开发研讨会，决定将黎城种羊场建成黎城大青羊的保种场，并通过了黎城大青羊保种方案。

九、品种评价和展望

黎城大青羊是我国著名的地方优良品种。大青羊性情活泼，行动敏捷，善爬山，耐粗饲，抗寒、抗病力强，遗传性能稳定，爱吃各种秸秆、灌木，体质坚实，耐粗放管理。早期生长发育快，产肉率高、肉质好，产绒率高，综合经济效益高。肉质鲜嫩可口，味道鲜美，高蛋白质、低胆固醇，是老幼皆宜的绿色营养保健食品。其所产羊绒色紫、绒细长、弹性好，是轻纺高档衣服的上等原料。在山西、河南和河北各县杂交改良本地山羊效果显著，是理想的肉用杂交母本。

吕 梁 黑 山 羊

吕梁黑山羊是肉绒皮兼用的地方品种。1984年列入《山西省家畜家禽品种志》，2011年列入《中国畜禽遗传资源志·羊志》。

一、一般情况

（一）中心产区及分布

吕梁黑山羊主要产于山西省西部黄土高原的吕梁山区一带。

（二）产区自然生态条件及对品种形成的影响

吕梁山脉由北向南纵贯全区，地势中部高、两端逐渐低落，主峰关帝山位于高原中部，地势最高，海拔为2 831m，周围山岭海拔均在2 000m以上。汾河和黄河沿岸海拔在700～900m，山多、川少、沟壑纵横。川沟多为东西走向。属大陆性气候，春季干旱少雨，夏季凉爽，秋季多风。十年九旱，年平均降水量500mm左右，多集中于8—9月。年平均气温8.5～9.5℃，最高气温32.5℃，最低气温−20℃。无霜期差异很大，平川区为150～170d，北部高山区120d，亚高山地带80～100d。

吕梁市总面积为213.4万hm^2，其中耕地47.8万hm^2，占总面积的22.8%；林地33.3万hm^2，占总面积的15.9%；天然牧坡48.1万hm^2，占总面积的23%。该市地处黄土高原，土壤瘠薄，水土流失严重，干旱少雨，植被稀疏，粮食产量较低。农作物平川区以玉米、谷子、小麦、高粱为主，丘陵山区以玉米、谷子、豆类、马铃薯及油料作物为主。

（三）品种生物学特性及生态适应性

吕梁黑山羊适应性强，耐寒、耐苦、耐粗饲，对吕梁山区干冷、多风的气候条件有很好的适应性。

二、品种来源与发展

（一）品种来源

吕梁黑山羊的形成与当地的农业生产、人民生活以及生态条件的长期作用紧密相关。第一，农业生产对肥料的需要。吕梁地区地广人稀，土壤瘠薄，水土流失严重，需要大量有机肥料改良土壤，提高肥力，增加农作物产量。羊粪尿肥效高、持久。农谚有“羊是农家宝，种地少不了”，群众历来就有养羊积肥的习惯，羊粪已成为山区农业生产的主要肥料来源。第二，羊肉是山区人民的主要肉食。吕梁山区气候较冷，羊肉是热性滋补食品，当地群众喜欢吃羊肉，绝大多数农户都养有山羊，逢年过节家家户户宰羊。第三，生态环境条件的长期作用。晋西黄土高原吕梁山区，沟壑纵横，梁峁林立，沟深坡陡，气候干燥，植被稀疏，而灌木丛生，其他草食家畜难以生存利用，唯独山羊在此条件下，不但能适应和生存，而且发展迅速。可见生态条件对吕梁黑山羊的形成和发展起主导作用。

（二）群体规模

随着肉羊业的发展和生态建设的要求，吕梁黑山羊的生存受到了严峻的挑战，群体数量一直处于下降趋势，由20年前的20多万只下降到现在的不到1万只。据2006年年底统计，中心产区吕梁市有吕梁黑山羊4 700多只。2016年调查统计，吕梁黑山羊现存栏3 000余只，其中中阳县存栏300余只，柳林县存栏600只，岚县存栏172只，临县存栏2 000只。

三、体型外貌

吕梁黑山羊皮下脂肪积蓄少，体格中等，体质结实，全身各部位结构匀称，四肢端正、强健有力。后躯高于前躯，体长大于体高，整个体型呈长方形。被毛分内外两层，外部为长粗毛，内层为短而纤细的绒毛。毛色以黑色为主、占 60%，青色者占 28%，次为棕色、白色和画眉色等。头部清秀，额稍宽，眼大有神，耳薄灵活。公母羊都有角，公羊角发达，角以撇角最多、占 89.3%，其次是倒八字角和包角。岢岚西部和吕梁市其他县的黑山羊的外貌特征是头部、四肢和尾巴为黑色，在鼻端和耳根部间有少量粗而短的白色，背线毛呈灰色，颈部和体侧为青色，头顶毛呈卷曲状、覆盖额部。

四、体重和体尺

吕梁黑山羊的体重和体尺见表 21。

表 21　吕梁黑山羊的体重和体尺

类别	数量	体重（kg）	体高（cm）	体长（cm）	胸围（cm）	胸宽（cm）	胸深（cm）
周岁公羊	4	29.1±1.7	61.3±0.5	66.0±1.8	81.0±2.0	24.5±1.0	24.0±2.0
周岁母羊	9	28.0±1.6	58.8±3.6	62.6±5.0	77.2±5.0	22.5±2.7	22.2±2.0
成年母羊	77	30.9±5.6	63.5±4.7	67.5±5.1	76.6±7.3	18.1±4.2	20.4±3.8

注：2006 年年底吕梁市畜禽繁育工作站会同交口、石楼、柳林等县畜牧局，对当地的吕梁黑山羊现场测量结果。

五、生产性能

（一）产绒（毛）性能

1. 产绒性能　吕梁黑山羊产绒性能见表 22。

表 22　吕梁黑山羊产绒性能

类别	数量	产绒量（g）	自然长度（cm）	伸直长度（cm）	伸长率（%）	细度（μm）	净绒率（%）
周岁公羊	4	112.8±24.5	2.7±0.4	4.1±0.8	50.8±8.3	12.6±2.4	62.3±5.8
周岁母羊	9	95.4±17.3	2.5±0.4	3.7±0.8	46.4±6.2	12.1±2.1	64.0±8.7
成年公羊	3	164.3±29.2	3.2±0.6	4.6±0.9	47.3±5.5	13.2±2.8	59.3±7.6
成年母羊	77	127.2±28.7	2.9±0.6	4.4±0.8	52.6±9.3	12.6±2.4	61.5±4.5

注：2008 年年底山西农业大学对吕梁黑山羊绒样测量分析结果。

2. 绒、毛品质　1981 年对石楼、中阳县 7 只成年母羊绒毛测定结果：每平方厘米皮肤上有绒纤维（752±285）根，发毛（306±95）根，绒毛占 71%，发毛占 29%；投影仪测定绒纤维细度为（13.92±1.51）μm，在 80 支以上，发毛为（60.74±11.15）μm；绒纤维长 2.78cm，发毛长 8.73cm。

（二）产肉性能

1981年测定，吕梁黑山羊的屠宰率：成年羯羊平均为52.6%，当年羯羊为45.8%；净肉重成年羊为11.2kg，当年羊为5.3kg；净肉率成年羊为32.4%，当年羊为31.1%。与全国其他同类型山羊相比，吕梁黑山羊在放牧条件下屠宰率是比较高的。

六、繁殖性能

吕梁黑山羊的性成熟一般在5～6月龄，配种年龄一般在1.5岁以后。母羊发情周期17～21d，以18d为最多。妊娠期平均149d，短者142d，最长达155d。配种多集中在秋末冬初的11月，此时发情集中而旺盛，配种期1个月左右结束。产羔期相应在翌年清明至立夏间。繁殖率120%，一胎双羔母羊占6.2%，羔羊成活率85%左右。

七、饲养管理及抗病力

吕梁黑山羊多采用全年放牧的饲养方式，冬季归牧后补喂秸秆等粗饲料，少数补喂玉米、豆饼等少量精料。

吕梁黑山羊抗病力强，除口蹄疫疫苗、布鲁氏菌病疫苗外，还注射羊三联苗、羊痘疫苗，其他疫苗则很少注射。

八、品种研究

1997年，山西农业大学对山西地方山羊品种进行聚类分析，吕梁黑山羊属典型的北方山羊品种，与该省其他品种山羊血缘关系较远。

九、品种评价和展望

吕梁黑山羊基本上处于原始品种状态，与该省其他品种山羊血缘关系较远，具有独特的遗传特性。以往不重视选育提高，把山羊作为积肥动物放养，饲养管理十分粗放，终年以放牧为主，冬春枯草期基本上不补饲，放牧时间短，当地习惯于半日放牧，每日采食时间仅5～6h，因此各项经济性状均不理想。其发展方向应以肉、绒为主，提高肉、绒生产性能，特别要重视提高早熟性，使当年6～7月龄羔羊体重达25kg以上，屠宰率在50%以上，产净肉8～10kg。成年羊平均梳绒量在250～300g。为了提高吕梁黑山羊的生产性能，饲养管理应予以改善，在冬春枯草季补给适量的饲草料。提高劳动生产率，扩大羊群管理头数。加快羊群周转，提高经济效益。

晋岚绒山羊

晋岚绒山羊是以吕梁黑山羊（青背山羊类群）为母本、辽宁绒山羊为父本，采用杂交育种方法培育而成的绒肉兼用型新品种。

一、一般情况

（一）中心产区及分布

晋岚绒山羊中心产区在岢岚县、岚县、偏关县、静乐县、娄烦县等地，分布于吕梁山区及其周边市县。

（二）产区自然生态条件及对品种形成的影响

岢岚县地处晋西北黄土高原中部，属黄土丘陵地区，地势东南高、西北低。全县多数地区海拔在 1 400m 以上，平均海拔 1 443m。属中温带大陆性季风区，冬季寒冷少雪，春季干燥多风，夏季炎热，秋季天高气爽。年平均气温 6.2℃，年积温 2 646.9℃。无霜期 120d。相对湿度 58%。年降水量 493.2mm，夏季降水占全年的 63%。风速 3.8m/s，冬季为东南风。日照总时数 2 751.6h。水系有岚漪河及其支流，境内干流长 64.5km，水源等级为一级。土质分为四类，11 个亚类，26 个土层，33 个土种。灰褐土为主要土类，占全县总面积 89.5%，其次为棕壤、山地草甸和草甸土。全县水资源 8 152万 m^3，可利用储量 474 万 m^3，人均可用储量 1 030.8m^3。

全县土地面积 19.8 万 hm^2，其中耕地面积 2.8 万 hm^2，境内有 9.2 万 hm^2 天然牧坡，其中 20hm^2 以上的大片优质草场 94 块，年产草量 5.6 亿 kg，加上人工种草和农作物秸秆，全县载畜量 60 万只羊单位。全县农作物种植面积 1.3 万 hm^2，饲料作物有玉米、紫花苜蓿、红豆草等。

（三）品种生物学特性及生态适应性

岢岚绒山羊性成熟早，常年发情，适应晋西北高寒干旱气候，采食范围广，宜于山区饲养，耐粗饲、抗病力强。

二、培育过程

（一）晋岚绒山羊的育成史

20 世纪 80 年代我国作为绒山羊的主产国和山羊绒的主要出口国，绒山羊业得到了快速的发展。许多地区引进辽宁绒山羊或内蒙古绒山羊杂交改良产绒量较低的地方山羊品种。吕梁黑山羊是吕梁山区劳动人民经过长期人工选择而形成，但由于体格较小、生长发育慢、产绒量较低，且所产羊绒为紫绒，养殖的综合经济效益较低。为提高吕梁黑山羊的产绒量和改善山羊品质，山西省有计划地开展绒山羊杂交改良工作，在长期杂交改良的基础上，着手培育了适应雁门关区特殊生态条件的晋岚绒山羊新品种。

（二）晋岚绒山羊培育技术路线

第一阶段：1980 年从辽宁省盖县调入 8 个血统的纯种辽宁绒山羊 101 只在岢岚县开始了吕梁黑山羊的杂交改良工作。1981 年再一次引入 13 个血统的辽宁绒山羊 723 只，投放到 11 个乡镇 43 个养羊重点村，并筹建了县属绒山羊种羊场。到 1982 年，优种羊占全县山羊的 4.5%。1985 年、1986 年两年先后调入种羊 1 800 多只，优种覆盖面大大提高。到 1990 年岢岚绒山羊的覆盖面已达到 79%。到 1996 年，岢岚绒山羊的存栏数 28.8 万只，成为晋岚绒山羊培育的重要物质基础。

第二阶段：1997 年岢岚县种羊场选择来自 13 个血统的体型较一致的杂种二三代岢岚绒山羊成年母羊和成年公羊组成横交固定群体，开始横交固定工作。2001 年组织专家进行了雁门关区绒山羊产业发展研讨会和晋岚绒山羊育种的论证会。到 2006 年，岢岚县自繁后代符合理想型个体的数量发展到 8.2 万只，个体生产性能和羊绒品质得到进一步提高。通过严格选留，横交四代成年公羊产绒量、绒长度分别达到 613.4g 和 6.1cm，绒细度 15.9μm；成年母羊产绒量、绒长度分别达到 418.6g 和 5.3cm。

第三阶段：横交固定获得稳定遗传的群体后，对群体的选优与提高成为这一阶段育种工作的重点。从 2007 年开始选育选配工作，经过连续 3 年的选择，核心群产绒量和抓绒后体重明显提高。2009 年年底基础群的数量达到 13.6 万只，其中成年母羊 9.7 万只，特一级羊比例占 72%。

三、体型外貌

晋岚绒山羊全身被毛白色，外层为粗毛，具有丝光光泽，内层为致密的绒毛。体格中等，结实紧凑。头清秀，额顶有明显的刘海样长毛，颌下有髯，眼大有神。公、母羊均有角，角形以拧角为主，成年后螺旋明显。公羊角粗大，呈螺旋状向上向下伸展；母羊角细小，从角基开始向上、向后、向外伸展，角体较扁。颈宽，胸深，背腰平直。四肢端正，蹄质紧韧。尾瘦而短，尾尖上翘。母羊的乳房和公羊的睾丸发育良好。

四、体重和体尺

晋岚绒山羊的体重和体尺见表 23。

表 23　晋岚绒山羊体重和体尺

年龄	性别	只数	体重（kg）	体高（cm）	体斜长（cm）	胸围（cm）
周岁	公	116	31.2±5.1	57.8±6.1	65.8±6.6	78.0±8.3
	母	1 136	21.7±4.5	51.0±3.5	57.2±6.4	65.1±5.7
成年	公	245	44.2±6.7	66.3±5.5	72.0±9.0	86.8±7.1
	母	3 269	30.3±4.7	55.2±4.6	62.6±7.3	72.8±7.9

五、生产性能

（一）产绒性能

晋岚绒山羊产绒量高，绒长、绒细度好，见表 24。

表 24　晋岚绒山羊产绒性能

类别	只数	产绒量（g/只）	细度（μm）	自然长度（cm）	伸直长度（cm）
周岁公羊	245	650.1±102.4	15.29±1.64	5.62±0.96	8.16±1.04
周岁母羊	5 530	402.4±89.3	13.73±1.86	4.63±0.87	6.89±0.96
成年公羊	116	757.3±132.6	16.44±1.93	6.47±1.24	9.68±1.28
成年母羊	1 160	485.2±102.6	14.81±2.17	5.18±1.07	7.49±0.82

（二）产肉性能

晋岚绒山羊产肉性能见表 25。

表 25　晋岚绒山羊产肉性能

类别	宰前活重（kg）	胴体重（kg）	骨重（kg）	屠宰率（%）	净肉率（%）	肉骨比
周岁羯羊	29.3±2.1	14.1±1.6	3.3±0.3	48.1±2.2	36.9±3.2	3.3±0.6
成年羯羊	47.1±2.8	21.8±2.1	4.8±0.2	46.4±2.4	36.1±1.6	3.5±0.7

六、繁殖性能

晋岚绒山羊公羊 9～10 月龄性成熟，16～18 月龄体重达到成年体重的 70%。公羊全年表现性欲，9—11 月性欲最强，精液品质最好，精液稠密，射精量（0.81±0.14）mL。母羊 7～8 月龄性成熟，14～16 月龄时体重达到成年体重的 70%，初配年龄一般是 18 月龄。母羊为季节性多次发情，自然发情一般在每年的 7 月到翌年的 2 月，9—11 月为发情旺季，3—6 月为乏情期。发情周期 14～25d。受胎率 96%，产羔率 105%以上。

七、饲养管理

晋岚绒山羊实行季节性放牧，夏季和秋季上山放牧，冬季和春季圈养舍饲，补饲方式为精料＋秸秆＋青贮。对当地气候条件和饲草料条件有良好的适应能力，放牧性能好，耐粗饲，抗寒、抗病力强，容易管理。

八、推广应用与研究

1981 年建立了岢岚县绒山羊种羊场，开展品种登记和系统选育工作，经过各级政府、养羊科技工作者和广大农民群众近 30 年的不懈努力培育而成。其具有放牧性好，耐粗饲，抗寒、抗病力强等特点。先后推广至阳曲县、黎城县、永和县等县和内蒙古、河北、陕西等省、自治区，共 1.5 万余只。晋岚绒山羊对当地气候条件和饲草料条件有良好的适应能力，产羔正常，羔羊生长发育快，死亡率低，杂种后代产绒量显著提高，杂交改良效果良好。至 2010 年晋岚绒山羊的群体数量已达 13.6 万只。

九、品种评价和展望

晋岚绒山羊是经多代杂交以后形成的一个培育品种，不仅产绒量高，而且适应性和抗病力强，耐粗饲，成为当地及周边地区发展养羊的主要品种，对增加农民收入起了重要作用。但是随着改良代数的提高，改良羊对营养的要求也逐渐提高，继而出现了羔羊成活率降低、羊绒变粗的现象。应改进饲养管理，加强对种羊的选育，使岢岚绒山羊成为山西省及周边地区养羊业的主导品种。

洪洞奶山羊

洪洞奶山羊主要以乳用为主，肉、毛用为辅。1984 年列入《山西省家畜家禽品种志》。

一、一般情况

（一）中心产区及分布

洪洞奶山羊原产地在洪洞县南涧桥村，现主要分布于洪洞县及周边地区。中心产区以大槐树镇的李堡、涧桥、秦壁，苏堡镇的苏堡、蜀村、古县，甘亭镇的甘亭、上桥、西孔，辛村乡的公孙、南段、北段等为主要产区。辐射较远的地方有曲亭镇的董庄、古罗、西韩略，万安镇的东梁、西梁、高公村以及赵城镇的永乐、孙堡，提村乡的李村、好义、崔家庄等。洪洞奶山羊占全县羊存栏总数的49.4%。

（二）产区自然生态条件及对品种形成的影响

洪洞县位于山西省中南部，临汾盆地北端，东有霍山，西有吕梁山，汾河由北向南纵贯境内，形成东西高、中间低的河谷地形，属平原地貌类型，总面积为1 500km^2。平均海拔1 393.5m。气候为温暖带大陆性气候，四季分明，冬季寒冷干燥，春季多风少雨，夏季炎热。年平均气温13.6℃，无霜期175～195d，相对湿度62%。年降水量293.7～520.9mm，全年蒸发量1 271.5～1 621.0mm，日照有效时数1 849.7～2 171.9h。水利资源丰富，渠道纵横，汾河、涧河贯穿全县，地下水资源充足。土壤类型为褐土，土层厚，有机质丰富，土壤以砂壤土和壤土为主。pH为8.0。

全县总面积1 494km^2，耕地面积6.8万hm^2，林地面积1.1万hm^2，草山草坡面积达2.7万hm^2，其中可利用的天然草坡1.1万hm^2，四边草地1.2万hm^2，人工牧草地720hm^2，可放牧利用草地7 667hm^2，可产风干草7.37万t，可载畜80.5万个羊单位。近年来由于矿产资源开发和工业用地，过度放牧、鼠害等，使草地覆盖率有所下降。主要农作物以小麦、棉花、玉米为主，其次是谷子、薯类等，是山西省重点粮食生产基地县之一。年产小麦19.2万t，玉米7.1万t。

（三）品种生物学特性及生态适应性

洪洞奶山羊通过半个世纪的培育，已经成为一种适应当地自然环境条件、耐粗饲、适应性强的优良地方品种。

二、品种来源及发展

（一）品种来源

抗日战争之前，洪洞县南涧桥有座天主教堂，据说传教士为比利时人，为解决奶源问题，曾带入萨能奶山羊饲养。由于萨能奶山羊繁殖力强、多胎性能高、发展快，逐渐在教堂附近和城区有群众饲养。抗日战争和解放战争期间，在洪洞农村仍有群众饲养。根据群众反映现在奶山羊的体形外貌已不是纯种萨能奶山羊。1961年以后，几次从西北农学院和富平县引进关中奶山羊与当地奶山羊杂交。洪洞奶山羊主要是用萨能奶山羊公羊、少部分用吐根堡奶山羊公羊与当地山羊复杂育成杂交形成的地方品种。大部分是萨能奶山羊与当地山羊的杂交后代，少数奶山羊的毛色与吐根堡奶山羊一致。

（二）群体规模

洪洞奶山羊在1960年以前，为杂交改良阶段，主要是用以往保存下来的萨能奶山羊公羊与本地山羊母羊杂交。1961年以后为选育提高阶段，不仅重视种公羊的选育，同时选留体质结实、体型好、产奶量高的母羊个体，对于优良母羊所产羔羊，群众纷纷订购。为了进一步提高洪洞奶山羊的质量，80年代又从西北农学院和陕西武功、富平县引入关中奶山羊公羊与洪洞奶山羊母羊交配，效果较好，体型外貌、体重及产奶量都有不同程度的提高。截至2015年年底，全县洪洞存栏奶山羊1.6万只。

三、体型外貌

洪洞奶山羊具有楔子体型，体格小，体质结实、健壮，体型紧凑、细致。公羊体高大于十字部高，母羊前躯低于后躯；公母羊均体长略大于体高。全身被毛白色，光泽较差。部分羊在鼻端、乳房及体躯其他部位有大小、形状不一的色素斑点。皮肤呈粉红色，皮薄而富于弹性。头小，额宽，面部清秀，鼻梁平直，耳大直立。公母羊皆有角，公羊角粗壮，母羊角纤细，母羊无角者占6.88%，角为弓形角，颜色为淡黄色。公羊颈部粗、短，母羊颈部细、长，无皱褶，公母羊均有髯，大部分羊颈下左右各有一肉垂。母羊胸部丰满，肋部开张，体型呈长方形，背腰宽长平直，腹大不下垂，肷窝大（公羊腹部紧凑），臀部长而宽，倾斜适度。四肢结实，蹄质硬，呈褐色。尾短，属短瘦尾。

四、体重和体尺

洪洞奶山羊体重和体尺见表26。

表26　洪洞奶山羊体重和体尺

类别	测定只数	体重（kg）	体高（cm）	体长（cm）	胸围（cm）	胸深（cm）	胸宽（cm）	管围（cm）
断奶公羔（30日龄）	4	9.2±1.2	46.3±3.3	47.8±3.3	49.8±1.9	20.8±2.1	14.8±2.4	7.7±0.4
断奶母羔（30日龄）	3	7.2±0.1	42.3±1.3	47.3±1.9	47.7±0.5	18.7±0.5	15.3±1.7	7.6±0.5
周岁公羊	1	32	66	70	82	36	20	9
周岁母羊	32	34.6±7.2	65.6±4.5	70.6±5.3	79.4±6.1	31.1±2.9	18.3±2.9	8.4±0.8
成年公羊	3	65	77±5.7	86±6.5	88.3±4.5	36±2.9	23±0.8	9.3±0.5
成年母羊	86	41.9±7.7	70.1±4.2	78.3±7.1	86.1±6.8	34.0±2.8	19.7±2.4	8.4±0.7

注：2007年3月洪洞县畜牧局测定。

五、生产性能

洪洞奶山羊泌乳高峰为产后3个月，产奶量最高的是第四胎。乳成分为水分87%～88%，干物质0.8%～0.85%，乳脂4%～4.2%，蛋白质3.5%～3.8%，乳糖3.0%～3.4%。洪洞奶山羊产奶量见表27。

表27　洪洞奶山羊产奶量

只数（只）	泌乳期（d）	平均产奶量（kg）	最高产奶量（kg）	最低产奶量（kg）
72	252	632	1 008	252

注：2007年3月洪洞县畜牧局测定。

六、繁殖性能

2007年3月洪洞县畜牧局对9只周岁母羊、54只成年母羊进行了测定。洪洞奶山羊性成熟较早，一般公羊为8月龄，母羊为6月龄。初配年龄7月龄，发情周期16～19d，发情持续期24～32h。公羊利用年限7年，母羊利用年限为5年。母羊多秋季发情，怀孕期137～152d，平均149.4d。产羔率172%。初生重公羔2.7kg、母羔2.6kg。

七、饲养管理及疾病防治

1. 生活习性　洪洞奶山羊是20世纪30年代由瑞士引入洪洞的萨能奶山羊，经改良选育而形成的乳用山羊，具有很强的适应性，能适应各种气候，耐粗饲不挑食，生长发育快，成熟早，泌乳性能良好，性情温驯，易管理，放牧舍饲皆宜，以圈养为主，夏秋适当增加放牧。

2. 饲养方式　近年来，以传统的一家一户饲养为主，一般为早晨放出去，中午挪一挪，晚上牵回来，很少补饲。

舍饲期补饲情况：补饲以玉米、豆饼、麸皮、食盐为主，日补料0.7kg。

饲养方式由整草饲喂改为切草饲喂；由地面饲喂改为槽架饲喂；由单一喂草改为多样化饲草，并适当补喂精料；由冬季敞圈饲养改为塑料暖棚饲养；由季节驱虫改为常年驱虫。

3. 饲养管理要点　洪洞奶山羊产后5～6d内，给以易消化的优质幼嫩干草，饮用温盐水、小米汤或麸皮汤，并给予少量的精料。6d后逐渐增加青贮饲料或多汁饲料，14d后精料增加到正常的喂量。母羊泌乳高峰期，增加精料、多汁饲料，保证充足饮水，自由采食干草；泌乳稳定期，多给一些青绿多汁饲料，保证清洁的饮水；泌乳后期，精料的减少在奶量下降之后，以减缓奶量下降速度；干乳期，补饲一些优质青干草和富含维生素的饲料。

4. 疾病防治 完善防疫程序，有计划地进行防疫，疫苗用三联苗（羊快疫、羊肠毒血症、羊猝狙）、口蹄疫疫苗；体内外驱虫口服阿维菌素。羊圈经常打扫，使用草本灰或10%～20%的石灰乳溶液或5%～10%漂白粉液定期消毒。洪洞奶山羊一般不生病，仅夏季喂麦子时，容易引起胃胀。

八、品种评价和展望

1. 该品种主要遗传特点和优缺点 洪洞奶山羊是经长期杂交培育而成的乳用山羊，具有生长发育快、成熟早、繁殖率高、泌乳性能好、耐粗饲、适应性强、抗病力强等优良性状，适合农户饲养，是一种发展态势良好的优良乳用品种。缺点是初生、断奶时体尺、体重较小，体型外貌不整齐，需要进一步选育。

2. 可供研究、开发和利用的主要方向和建议

（1）继续加强奶山羊品种选育，开展品种选育和提纯复壮工作。在种质测定的基础上，制订保护选育方案和技术措施，提纯复壮、选育提高，在不断提高生产性能的基础上，积极加以推广利用。

（2）开展杂交改良试验研究。在保护洪洞奶山羊这一地方品种的前提下，采用现代繁殖技术，积极选择和引进、推广适宜的国内外新品种，最大限度地利用杂种优势。

（3）开展现代先进的育种技术研究。让常规育种方法和现代分子育种技术相结合，加快实现养羊业的现代化。

（4）加强洪洞奶山羊遗传资源保护。为进一步提高洪洞奶山羊的质量和泌乳性能，应把洪洞县定为奶山羊基地县，为大面积迅速提高生产水平提供优良种羊。应采用建立保护区、种羊场保种和群众保种相结合的方法。建立和完善科技推广服务体系，大力推广品种改良、经济杂交、圈舍改造、科学饲养管理、牧草种植、疫病防治等技术为重点的科学养羊配套技术，不断提高洪洞奶山羊的科技含量和经济效益。

阳城白山羊

阳城白山羊属肉皮兼用地方品种。1984年列入《山西省家畜家禽品种志》。

一、一般情况

（一）中心产区及分布

阳城白山羊分布于山西省阳城、沁水和垣曲三县，主要分布在距县城较远的丘陵山区的东冶、蟒河、横河、董封等乡镇，密度大，羊的质量也较好。

（二）产区自然生态条件及对品种形成的影响

阳城县位于山西省东南端，地处太岳山脉东支，中条山东北，太行山以西，沁河中游的西岸。县境南北长约54km，东西宽约53km，略呈凸形。东与晋城市郊区为界，北与沁水县为邻，西南与垣曲县接壤，南与河南省济源市相连。全县土地总面积1 968km²，境内山峦起伏，奇峰叠嶂，沟壑纵横，河流交织。地势由西南向东北倾斜，南北部高而中间低，构成了全县高中山区、中山区、低山区、丘陵区和河谷盆地区五大地貌单元。海拔高度在1 000～2 000m，最高点云蒙山峰海拔1 951.4m，最低点三窑乡沙腰河村南沁河出界处380m。属暖温带大陆性气候，四季分明，年平均气温11.7℃。无霜期170～180d。年降水量659mm。年平均日照时数2 572h。风向多为东南风，平均风速2.0m/s，最大冻土厚度41cm。全县地下水、地表水总储量3.8亿m³，可供开发利用的1.5亿m³。土壤有棕壤、褐土、草甸土3种，以褐土为主。

耕地面积3.7万hm²，牧坡草地面积2.2万hm²，人工草地面积195hm²，全县主要农作物有小麦、玉米、谷子、棉花、杂粮和少数其他作物。全年粮食播种面积3.4万hm²，粮食总产量12.2万t，年产农作物秸秆15万t，年产鲜草80万t。畜牧业总产值占农业总产值的32.5%。

（三）品种生物学特性及生态适应性

阳城白山羊性情活泼，行动敏捷，爬山性能良好，耐粗饲，抗寒，抗病力强。

二、品种来源及发展

（一）品种来源

阳城白山羊历史久远，其来源尚待进一步考察研究。据调查分析，其品种形成主要与下列三个因素有关。其一，农业生产对肥料的需要。羊粪尿肥效持久，可以保温保墒，当地群众历来就有农牧结合、养羊积肥的传统习惯，用白山羊踩圈、卧地，把肥料直接积在农田地畔，可减少送粪挑担劳力。其二，人民生活的需要。羊肉营养丰富、热量大，秋冬季节是当地的重要肉食来源。阳城白山羊绒少毛稀，板皮柔软质轻，适合制作防寒的被服原料，当地群众形容山羊皮“白天能穿戴，黑夜顶铺盖，各人有一件，不怕天气冷”。白色的山羊皮尤为人们所喜爱。其三，是生态环境的作用。产区山峦起伏，沟壑纵横，坡陡沟深，灌木丛生，适合放牧山羊。部分羊群移畜就草，冬季到平川农区或河南农村住圈积肥，补饲过冬。由于省草省料成本低，耐渴耐饿好管理，在自然选择、适者生存的竞争下，白山羊逐渐发展起来。

（二）群体规模

阳城白山羊在1968年存栏最多，占全县存栏羊的68%；70年代以后大量外流，1985年县委县政府采取了一系列措施，羊的存栏量大幅回升。山区群众素有养山羊的习惯，对阳城白山羊适应性强、爬山性能好、耐寒、耐粗饲的品种特性十分了解，其种群数量正在增加。据2015年年底统计，阳城白山羊规模养殖户有208户，存栏羊31 250只。

三、体型外貌

阳城白山羊属兼用品种，体格中等，结构匀称，呈长方形，体质结实，四肢健壮。公羊有角，角粗大向后外扭转；母羊大多数有角，角向上直立或向下弯曲，少数母羊有小角。被毛白色，前额有菊花状头鬃，少数羊颈下左右各有一肉垂。皮肤呈粉红色，皮薄而富于弹性，皮下脂肪蓄积少。被毛分内外两层，较稀疏，内层绒毛细软而短，外层粗毛粗硬而长。

四、体重和体尺

（一）体重

阳城白山羊体重见表28。

表28 阳城白山羊体重

性别	1.5岁羊		成年羊		9月龄羊		初生羔羊	
	只数	体重（kg）	只数	体重（kg）	只数	体重（kg）	只数	体重（kg）
公	9	30.0±1.5	6	49.6±6.2	7	21.0		
母	21	29.3±2.4	44	37.9±4.1	8	18.5±1.2	3	2.9

注：2006年12月，由晋城市畜牧兽医局与阳城县畜牧兽医局组织技术人员对阳城白山羊现场测定结果。

（二）体尺

阳城白山羊体尺见表29。

表29 阳城白山羊体尺

类别	只数	体高（cm）	体长（cm）	胸围（cm）	胸宽（cm）	胸深（cm）
9月龄公羊	7	50.3	55.14	68	15.57	28.14

（续）

类别	只数	体高（cm）	体长（cm）	胸围（cm）	胸宽（cm）	胸深（cm）
9月龄母羊	8	47.9±2.8	53.3±3.7	63.0±0.0	14.6±0.9	23.0±1.1
1.5岁公羊	9	53.6±4.0	59.6±3.5	79.6±6.0	17.7±1.4	27.1±1.7
1.5岁母羊	21	52.6±4.4	60.5±2.4	73.4±11.4	17.3±2.6	26.0±2.4
成年公羊	6	65.9±8.2	67.3±6.0	92.7±3.2	20.3±1.1	31.3±3.8
成年母羊	44	56.2±3.4	64.3±5.9	77.9±13.7	18.5±2.6	28.8±1.4

注：2006年12月，由晋城市畜牧兽医局与阳城县畜牧兽医局组织技术人员对阳城白山羊现场测定结果。

五、生产性能

（一）产绒（毛）性能

阳城白山羊绒和毛产量见表30。

表30　阳城白山羊绒和毛产量

类别	抓绒		剪毛	
	只数	产绒量（g）	只数	产毛量（g）
成年公羊	46	70	46	275
成年母羊	184	60	184	200

注：2006年12月，由晋城市畜牧兽医局与阳城县畜牧兽医局组织技术人员对阳城白山羊现场测定结果。

（二）产肉性能

阳城白山羊产肉性能见表31。

表31　阳城白山羊产肉性能

类别	屠前重（kg）	屠宰率（%）	净肉率（%）	肉骨比	眼肌面积（cm^2）
1.5岁羯羊	26.5	43.4	31.9	2.96∶1	8.61
2岁羯羊	29.5	45.8	34.2	3.10∶1	8.82
3岁羯羊	50.5	52.6	40.6	3.83∶1	13.86
4岁羯羊	47.5	52.6	41.6	3.95∶1	17.5

注：2006年12月，由晋城市畜牧兽医局与阳城县畜牧兽医局组织技术人员对阳城白山羊现场测定结果。

六、繁殖性能

阳城白山羊 4～6 月龄性成熟，初配年龄均在 2 岁以上，使用年限一般公羊 3～4 年，母羊 5～6 年。母羊发情持续期 20～40h，发情周期 18d。以产春羔为主，10—11 月配种，翌年清明前后产羔。1 只公羊在配种季节可配30～40只母羊。羔羊初生重 2.5～3.2kg，断奶重 17～20kg，产羔率103%～105%。

七、饲养管理

阳城白山羊大多分布在山区，全年放牧，下雪天舍饲补喂少量饲草，以豆秸为主。另外产羔季节 3 个月内，除补充饲草外，每只产羔羊每天补充 0.5kg 玉米。阳城白山羊抗病力强，耐受力强，不易感染疾病。

八、品种研究

1997 年，山西农业大学对山西地方山羊品种进行聚类分析，阳城白山羊属于北方平原山地山羊的范畴。在主产地阳城县建有保种场。

九、品种评价和展望

阳城白山羊基本上处于原始品种状态，具有体格健壮、体形中等匀称、性情温驯、耐粗饲、抵抗力强、适应性强等特性，建议有计划地扩大羊群的数量，结合当地自然条件及其本身特点，设法提高绒、肉生产性能；特别重视早熟性，进行本品种选育，提高经济价值。

灵丘青背山羊

灵丘青背山羊又称灵丘大青背山羊，属肉绒兼用型地方品种。

一、一般情况

（一）中心产区及分布

灵丘青背山羊主产于山西省灵丘、广灵、浑源等县。河北阳原、蔚县，内蒙古丰镇、集宁均有分布，数量 7 万余只。

（二）产区自然生态条件

灵丘县位于山西省东北部，东与河北涞源、蔚县接壤，南与阜平交界，西与繁峙、浑源毗邻，北与广灵相连，总面积 2 732km^2。平均海拔 1 200m，最高的太白山海拔 2 334m。境内群山林立，沟壑纵横，地形复杂，基本地形由山区、丘陵、平原构成，山地面积 2 390km²，占总面积的 87.6%；丘陵面积 230km²，占总面积的 8.4%；平原面积 110km²，占总面积的 4%。山脉多为东西走向，均属太行山系。气候属温带大陆性，四季分明，春季干旱、多风沙，夏季酷热、雨水集中，秋季短暂、凉爽晴朗，冬季寒冷、多风沙。全年平均气温 7℃，无霜期 150d。除北山地区只能种旱、中熟作物外，其他地区均可种中晚熟作物。全年光照时数 2 829.4h，年平均降水量 483.3mm。因受季风和地形及周围环境的影响，夏季多东南风，冬季多西北风，风向的日变化较明显，年平均风速为 2.2m/s。

全县共有耕地面积 3.11 万 hm²，草场面积 14.68 万 hm²，可利用草地面积 1 万 hm²，人工草地面积 0.67 万 hm²；粮食作物面积 2.95 万 hm²，其中玉米面积 14.5hm²，粮食总产量 8.6 万 t。

二、品种来源及发展

（一）品种来源

灵丘青背山羊起源不祥，据调查已有数百年历史，是在灵丘自然条件和生态环境下，经过长期的自然选择和定向培育形成的一个地方山羊品种。于 20 世纪 80 年代中期大同市农业局调查时发现，并于 1986 年制定了品种标准。

（二）群体规模

近年来，随着畜牧业的快速增长，灵丘青背山羊由 3 万只发展到了 5 万余只，但由于和本地黑山羊混群饲养，品种血液混杂，生产性能下降，经济效益比较低。许多群众引进辽宁绒山羊对灵丘青背山羊进行杂交改良，经济效益显著提高。2015 年统计，符合品种特征的灵丘青背山羊 5.1 万只，占存栏总数的 47%。

三、体型外貌

灵丘青背山羊体格较大，全身被毛黑色，背部有较长的青毛，眼圈、鼻梁毛呈青黑色（青背山羊由此得名）。皮肤粉白色。公、母羔羊全身被毛黑色或背部为青色。头中等大，上宽下窄呈楔形，长宽比值为 2：1。公母羊均有角，一般向上偏后伸长，呈镰刀形，公羊角粗而长，母羊角细而短。颈短呈扁圆形，颈胸结合良好，胸宽而深，背平直，腹部圆大而不下垂。

四、体重和体尺

灵丘青背山羊体重和体尺见表 32。

表 32 灵丘青背山羊体重和体尺

年龄	性别	只数	体重（kg）	体高（cm）	体长（cm）	胸围（cm）
周岁	公	15	36±3.5	51.7±1.3	53.1±4.5	66.8±3.9
	母	32	33±2.3	43.2±1.2	47.8±4.5	62.3±4.6
成年	公	40	49.1±10.2	66.5±5.4	69.0±8.7	81.7±7.8
	母	40	46.9±6.6	62.4±3.7	67.3±4.9	79.2±7.4

五、生产性能

（一）产绒（毛）性能

灵丘青背山羊产绒（毛）量见表 33，产绒性能见表 34。

表 33 灵丘青背山羊产绒（毛）量

类别	产毛量（g）	产绒量（g）
周岁公羊	250±0.3	150±1.0
周岁母羊	230±0.1	120±0.6
成年公羊	400±0.1	390±0.1
成年母羊	336±0.3	330±0.1

表 34 灵丘青背山羊产绒性能

性别	年龄	伸长率（%）	自然长度（cm）	伸直长度（cm）	细度（μm）	净绒率（%）	强力（g）	伸长（cm）
公	周岁	22.0±2.1	4.4±0.5	5.4±0.9	13.1±0.9	60.6±7.1	3.3±0.3	3.5±0.3
	成年	20.6±6.9	4.7±0.5	5.7±0.7	12.3±0.3	55.2±5.1	3.8±0.5	3.8±0.5
母	周岁	22.8±5.3	5.2±0.3	6.4±0.3	12.2±1.6	58.3±6.4	4.0±0.9	3.8±0.6
	成年	19.6±6.3	4.5±0.6	5.4±0.4	12.9±0.2	54.3±0.4	4.0±0.4	3.5±0.5

（二）产肉性能

灵丘青背山羊产肉性能见表 35。

表 35 灵丘青背山羊产肉性能

类别	只数	宰前重（kg）	屠宰率（%）	净肉率（%）	肉骨比	内脏脂肪（kg）
周岁公羊	15	30	45	36	4.4∶1	0.5
周岁母羊	10	25	44	32	4.1∶1	0.5

注：2008 年灵丘县畜牧局结合屠宰厂屠宰羊只测定。

六、繁殖性能

灵丘青背山羊5～8月龄性成熟，初配年龄18月龄，利用年限母羊6～8年、公羊5～6年。春秋两季发情，母羊发情周期为21d。一个配种季节每只公羊配种母羊30余只。产羔率110%～120%。羔羊初生重公羔3.0 kg，母羔2.5 kg。

七、饲养管理

1. 饲养方式 以放牧为主，冬春季节适量补饲。①成年羊基本全年放牧，只有在天气恶劣的严冬和早春补饲，怀孕母羊在怀孕后期适量补饲和圈养。羊群规模一般120～200只为一群，放牧利用草坡为天然草地。②羔羊一般在哺乳期进行圈养，并适量补饲，稍大一些后半舍饲、半放牧。

2. 舍饲期补饲情况 补饲期精料以玉米为主，饲喂一些农副产品。粗料以农作物秸秆为主。精料每只羊平均补15kg，草和秸秆约100kg。

八、品种评价与展望

从普查情况看，灵丘青背山羊的体尺、体重比第一次普查都发生了很大变化，体高、体重增加。例如，成年公羊体重由38kg提高到49.1kg，增加了11.1kg，提高了29.2%；成年母羊体重由33kg提高到46.9kg，增加了13.9kg，提高了42.1%。以上数据说明，群众科学养羊意识增强，养羊业不再是家庭副业，而是作为主要的经济支柱产业，从而提高了灵丘青背山羊的生产性能。

灵丘青背山羊从20世纪80年代至今一直在断断续续进行本品种选育，制订了相关的技术方案，但由于经费不足和其他原因进行得不太顺利。近年来，引进辽宁白绒山羊改良灵丘青背山羊，产绒量明显增加。为了提高本品种的生产性能，应建立保种场，开展本品种选育，进一步提高生产性能。

晋 中 绵 羊

晋中绵羊属农区地方肉毛兼用粗毛短脂尾羊品种。1984年收录于《山西省家畜家禽品种志》，2011年收录于《中国畜禽遗传资源志·羊志》。

一、一般情况

（一）中心产区及分布

晋中绵羊中心产区位于山西省的中部，晋中的榆次、太谷、平遥、祁县四县，其他各县有零星分布。

（二）产区自然生态条件及对品种形成的影响

全区地形以山地、丘陵为主，高低相差较大，山地海拔 1 000～2 500m，最高 2 567m；丘陵区海拔 800～1 200m；平原区海拔多在 800m 以下，最低 574m。全区平均气温 5～10℃，年最高气温 39.1℃左右，最低气温－33℃左右。全区湿度 40%左右，无霜期平均 150d（4 月下旬至 10 月上旬）。年平均降水量 405.3～573.1mm，雨季在 6～10 月。全区平均风速为 2.1m/s。全区有潇河、汾河及其支流流贯其间，水源丰富，以种植玉米、小麦、豆类、谷子等粮食作物为主，还有利用牧草，为晋中绵羊的发展提供了得天独厚的优越条件。

（三）品种生物学特性及生态适应性

晋中绵羊体格较大，肉用性能好，性情温驯，放牧性能好，既能适应山区放牧，又能在舍饲饲养中发挥良好的生产性能。可实现一年两产或两年三产，每只母羊每年可出栏肉羊 2～3 只。晋中绵羊对当地的生态环境和气候条件有很好的适应性，耐粗饲、耐寒冷，饲养管理和免疫得当，一般不会患病，表现出良好的抗病性。

二、品种来源及发展

（一）品种来源

晋中绵羊属短脂尾羊，从体形外貌观察，是蒙古羊的一个类型。山西省与内蒙古自治区毗邻，历史上经济贸易来往十分密切，人们逐渐将生长在草原地区终年以放牧为生的粗毛蒙古羊引入了晋中，由于晋中地区气候温和、雨量适中、农业发达、农副产品丰富，这些羊得以生存繁衍。晋中盆地耕地多、牧地少，群众习惯于山川结合养羊，即夏季羊群上东、西两山放牧配种，秋季逐渐将羊群由山上移至平川越冬产羔。长期以来，在这样优越的自然生态条件下，在广大农民群众的精心选育和饲养，以及社会经济条件的影响下，形成目前的晋中绵羊。

近 30 年来，晋中绵羊产区曾引进美利奴细毛羊、山东小尾寒羊及国外肉用羊如道赛特羊、萨福克羊、夏洛莱羊等进行杂交改良，但由于改良羊肉质风味欠佳、适应性差、管理难度大等原因均未大面积展开，晋中绵羊仍保持原有风貌。

（二）群体规模

由于受肉羊市场的冲击，许多养殖户引入大尾寒羊、小尾寒羊及道赛特羊、萨福克羊等肉用品种种公羊对晋中绵羊进行杂交改良，使得纯种晋中绵羊种公羊数量急剧减少，质量有所下降。截至 2016 年年底，晋中绵羊存栏 21.2 万只，占全市绵羊存栏的 16.1%。其中榆次存栏 4.1 万只、太谷存栏 6 万只、祁县存栏 3.6 万只、灵石存栏 2.5 万只、昔阳存栏 2.6 万只。

三、体型外貌

晋中绵羊全身被毛白色，头部及四肢为短而粗的毛，肤色白色。体格较大，体躯狭长，骨骼粗壮结实，肌肉发育丰满。头部狭长，鬐甲较窄，鼻梁隆起，公羊角大、呈螺旋状，母羊一般无角，耳大下垂，头部颜色为褐色或黑色。颈部长短适中，直筒形，无皱褶，无肉垂。胸部较宽，肋开张，背腰平直。尻部圆形。四肢结实粗壮、较长，肢势端正，蹄质坚实。短脂尾，尾大近似圆形，有尾尖。

四、体尺和体重

晋中绵羊体重和体尺见表 36。

表 36 晋中绵羊体重和体尺

类别	数量	体重（kg）	体高（cm）	体长（cm）	胸围（cm）	胸宽（cm）	胸深（cm）	尾宽（cm）	尾长（cm）
成年公羊	10	72.7±13.8	81.6±9.8	97.9±37.7	100.1±11.1	26.5±3.4	38.9±1.2	19.9±4.8	19.0±4.7
成年母羊	40	43.8±5.9	66.1±7.6	87.8±26.3	88.3±7.2	23.6±2.8	31.8±2.1	14.9±0.9	14.8±1.7

注：2007 年 10 月晋中市畜禽繁育工作站组织在平遥县和祁县对晋中绵羊测量结果。

五、生产性能

（一）产毛性能

晋中绵羊产毛性能见表 37。

表 37 晋中绵羊产毛性能

<table>
<tr><th>类别</th><th>产毛量（kg）</th><th>被毛厚度（cm）</th><th>自然长度（cm）</th><th>伸直长度（cm）</th><th>伸度（%）</th><th>细度（mm）</th><th>净毛率（%）</th></tr>
<tr><td>成年公羊</td><td>1.8±1.2</td><td rowspan="4">6</td><td>5.4±0.6</td><td rowspan="4">10</td><td rowspan="4">35～37</td><td rowspan="4">27.6</td><td rowspan="4">62</td></tr>
<tr><td>成年母羊</td><td>1.1±0.4</td><td>5.8±0.9</td></tr>
<tr><td>周岁公羊</td><td>0.8</td><td rowspan="2"></td></tr>
<tr><td>周岁母羊</td><td>0.8</td></tr>
</table>

注：2007 年 4 月晋中市畜禽繁育工作站组织在平遥县和祁县对晋中绵羊测量结果。

（二）产肉性能

晋中绵羊产肉性能见表38。

表38 晋中绵羊产肉性能

类别	数量	宰前活重（kg）	胴体重（kg）	屠宰率（%）	肉骨比	眼肌面积（cm²）
周岁公羊	10	48.4	27.7	57.2	8.3∶1	17.2
周岁母羊	40	42.3	21.6	51.1	8.1∶1	15.2

注：2007年10月晋中市畜禽繁育工作站组织在平遥县和祁县对晋中绵羊测量结果。

晋中绵羊肌肉的主要化学成分为：水分52.9%，蛋白质15.3%，干物质47.1%，脂肪31%，灰分0.8%，热量726.6kJ。

（三）产乳性能

晋中绵羊产乳量一般为12～15 kg（带羔哺乳母羊）；乳的成分为水83.5%、干物质16.43%、乳脂率6.18%、蛋白质4.5%～6%、乳糖4.17%。

六、繁殖性能

晋中绵羊性成熟年龄一般在7月龄左右，1.5～2周岁公母羊开始初配，利用年限一般3～7年。配种方式一般为本交，每只公羊配种母羊20～25只。发情季节多为秋季，发情周期15～18d，平均17d。母羊怀孕期平均149d，产羔率102.5%。羔羊初生重公羔（2.89±0.58）kg，母羔（2.88±0.62）kg，断奶重公羔（14.03±3.60）kg，母羔（15.52±2.66）kg，断奶日龄一般在2～4月龄，哺乳期日增重公羔92.83g，母羔105.33g。羔羊成活率91.7%。

七、饲养管理及防疫

晋中绵羊的饲养方式羔羊主要为圈养，成年羊为圈养+季节性放牧。舍饲期补饲情况分为两种：精料+青草+干草和精料+秸秆+青贮。晋中绵羊性格较温驯，耐粗饲，易于管理。

晋中绵羊防范的疫病主要以布鲁氏菌病、羊痘、羊快疫、羊猝狙、羊肠毒血症为主，其他病较少发生。

八、品种评价和展望

晋中绵羊体格较大、灵活、性情温驯，好饲养，不择食，适应当地粗放的饲养管理条件，尤其是周岁内生长发育快、易育肥，肉质鲜嫩、膻味小。羊毛纯白而富有光泽，受到粗纺和地毯工业的欢迎。但其体格仍不够理想，产毛量低、毛品质差。种公羊长期得不到更换，高度近亲，已使一些地区的羊只质量下降。

鉴于以上情况，应有计划地扩大养羊数量，进一步提高质量，以适应国民经济日益发展的需要。提高肉毛兼用性能，利用生长快、成熟早的长毛种半细毛羊进行杂交改良，一方面提高产肉性能，另一方面提高并改善产毛量与毛品质。同时推行羔羊育肥工作，以加快羊群周转，提高出栏率，降低养羊成本，提高养羊经济效益。

广灵大尾羊

广灵大尾羊属肉脂兼用地方品种。1984 年收录于《山西省家畜家禽品种志》，2011 年收录于《中国畜禽遗传资源志·羊志》。

一、一般情况

(一) 中心产区及分布

广灵大尾羊原产地为山西省大同市的广灵县，中心产区为广灵县的壶泉镇、加斗乡、南村镇等，分布于全县各乡镇。大同市阳高县、南郊区、新荣区及怀仁县等亦有分布。

(二) 产区自然生态条件及对品种形成的影响

广灵县地处太行山北端、恒山东麓，地处塞外高原，属太行山系恒山山脉腹地尾部边缘区，东邻河北省蔚县，南傍山西省灵丘，西与浑源相接，北靠阳高和河北阳原县，全县呈一不规则的正七边形轮廓；南、西、北三面环山，西高东低，呈一倾斜开阔地至西向东延伸，东西约 45km，南北约 40km。全县境内山多川少，形成大小不等的四个盆地，壶流河贯穿全县。属温带大陆性气候，四季分明，冬季寒冷少雪，春季干燥、多风沙，夏季炎热、雨量集中，秋季晴朗凉爽、雨量不足，十年九旱。常年多风，春秋两季尤甚，风向冬季多为西风或西北风，夏季则以西南风为主。全年平均气温 7℃，最高气温可达 38℃，最低气温为－34℃。相对湿度 54%，初霜在 4 月下旬，终霜在 9 月底，无霜期 160d。年降水量 200～600mm，年降雪平均厚度 70mm，年平均风力 2.8m/s。全县境内河流除海子峪注入唐河属大清河水系外，其余为永定河水系，桑干河支流，壶流河贯穿东西，由西向东奔流出境入河北省蔚县。水源较丰富。全县地表水资源量 5 010 万 m^3，地下水资源量 7 632 万 m^3。大多土壤为砂壤土，有机质较低。壶流河两岸由于历年淤灌变成黏性壤土。据测定，全县土壤 pH 属中性偏碱。荒山、荒坡的植被稀疏，以禾本科植物白洋草、碱草为主，壶流河两岸沙草和芦苇生长茂密，羊群可以常年放牧。

全县以种植业为主，土地面积 12.83 万 hm^2，其中耕地 3.09 万 hm^2，草地面积 4.27 万 hm^2、粮食作物面积 2.4 万 hm^2。经济作物主要有向日葵和白麻。农作物种植种类中玉米占种植总面积的 60%左右，其余种植的是谷物类、薯类、豆类、油料、蔬菜等。饲料植物主要是饲用玉米、青莜麦、苜蓿草等。养殖业以羊、猪、大牲畜为主。石山区和丘陵区占总面积的 60%以上，为广灵大尾羊的发展提供了广阔的草山、草坡。

（三）品种生物学特性及生态适应性

广灵大尾羊适应性强、耐粗饲，无论在山、川寒热、湿燥、风沙等环境中都能够适应，能充分利用各种饲草、饲料、秸秆等农副产品。对疾病的抵抗力和耐受性强，很少得病。

二、品种来源及发展

（一）品种来源

广灵大尾羊的形成年代已无法考证。按其尾型分类，属于脂尾羊或宽尾羊的类型——短脂尾羊。其是当地人民群众在长期的生产实践中，在当地自然条件和生态环境的影响下，经过精心的饲养管理和选育，以及长期的闭锁繁育，在体型外貌和生产性能方面趋于一致，逐渐形成的具有生长发育快、脂尾大、产肉力高、皮毛较好的地方优良品种。脂尾大可蓄积大量脂肪，有利于渡过冬春缺草时期。当地群众特别重视公羊尾型的选择，最受欢迎的是“莲花尾”即羊尾方圆型，有小尾尖向上翘起并凹入尾沟。

（二）群体规模

广灵大尾羊在 20 世纪 80—90 年代发展比较快，养殖规模逐步扩大，90 年代末期数量最多时达到 12 万只。近年来，由于山羊绒价格高，群众饲养绒山羊的积极性普遍高涨，山羊的养殖数量迅猛增长，广灵大尾羊则呈逐年减少趋势。2015 年年底统计，存栏 10.4 万只，其中能繁母羊 7.1 万只，用于配种的成年公羊有 1 600 只。

三、体型外貌

广灵大尾羊体格中等，全身被毛为白色、异质毛，被毛着生良好。头中等大，颈细而圆，体高，骨骼粗壮结实，四肢健壮，耳略下垂。公羊有角、呈螺旋状，母羊无角。体呈长方形。脂尾呈方圆形，宽度略大于长度，多数小尾尖向上翘起。肌肉欠丰满。

四、体重和体尺

广灵大尾羊体重和体尺见表 39。

表 39　广灵大尾羊体重和体尺

年龄	性别	数量	体重（kg）	体高（cm）	体长（cm）	胸围（cm）
周岁	公	7	54.57±4.42	67.85±2.03	70.1±4.52	87.57±5.28
	母	11	48.55±3.26	61.65±2.25	58.8±4.51	76.3±8.60
成年	公	13	85.61±31.9	76.15±7.64	83.16±11.2	96.84±12.2
	母	58	56.9±10.03	69.25±4.19	78.25±5.0	94.55±8.96

成年公羊尾长 21.84cm，尾宽 22.44cm，尾厚 7.93cm；成年母羊尾长 18.69cm，尾宽 19.35cm，尾厚 4.5cm。

五、生产性能

（一）产毛性能

广灵大尾羊产毛性能见表 40。

表 40　广灵大尾羊产毛性能

年龄	性别	产毛量（kg）	自然长度（cm）	伸直长度（cm）	伸长率（%）	细度（μm）	净毛率（%）	强力（g）	断裂伸长（cm）
成年	公	1.1±0.3	4.9±0.5	8.1±1.2	65.9±5.4	25.4±5.1	64.4±6.1	7.5±1.8	3.5±0.4
成年	母	1.2±0.1	4.8±1.4	7.6±0.9	58.6±6.3	24.4±6.9	66.1±10.6	6.5±1.1	3.6±0.8

广灵大尾羊被毛属异质毛，其中绒毛 54.6%、两型毛 17.2%、有髓毛 27.5%、干死毛 0.7%。外层毛股长 7.23cm，有髓毛直径为 74.3mm。被毛品质较好，不易擀毡，毛皮适于制作防寒裘皮衣料，羊毛可作地毯原料。

（二）产肉性能

广灵大尾羊肉呈玫瑰色，组织致密、鲜嫩可口、膻味小。广灵大尾羊产肉性能见表 41。

表 41　广灵大尾羊产肉性能

项目	屠前重（kg）	胴体重（kg）	净肉重（kg）	屠宰率（%）	净肉率（%）	脂尾重（kg）	肉骨比
周岁公羊	51.3±1.6	26.0±1.5	10.4±0.3	51.0±0.1	40.4±2.6	4.50±1.2	4∶1
周岁母羊	44.3±1.6	22±1.5	7.9±0.3	52.3±1.1	35.9±1.4	2.80±1.3	3.5∶1

注：2008 年大同市、广灵县畜牧局对放牧的 35 只羊测定结果。

六、繁殖性能

一般公、母羊初配年龄在 1.5～2 岁时。利用年限公羊 8～9 年，母羊 6～

7年。配种方式一般为本交，规模养殖的场、户或与其他品种羊进行杂交的采用人工授精。一般一个配种季节每只公羊配30～50只母羊。母羊春、夏、秋三季均可发情配种，以产冬羔为主。发情周期16～18d，平均17d。怀孕期150d。每胎产一羔，在良好的饲养管理条件下，可一年两产或两年三产，产羔率102%。羔羊出生重公羔3.7kg，母羔3.68kg。羔羊断奶重公羔27.6kg，母羔27.66kg。

七、饲养管理

广灵大尾羊以放牧加舍饲的方式饲养，以禾本科植物白洋草、碱草为主，壶流河两岸沙草和芦苇生长茂密，常年在此放牧羊群。抗病、耐受力强，不易感染疾病。

1. 饲养方式 广灵地处塞外高原，属半山半川区，全县境内山高坡广，牧草资源丰富。长期以来，当地人民一直采用传统的全年放牧形式，夏秋两季以放牧采食为主，基本不进行补饲；冬春枯草季节，野外放牧以外，进行补饲。

2. 舍饲期补饲情况 广灵大尾羊补饲的精料以玉米为主，全年每只补饲大约35kg，补饲的饲草以玉米秸秆为主，一般自由采食。在枯草季节，每只母羊每日补饲0.2kg玉米，秸秆自由采食，补料时间大约5个月。

八、品种保护

为保存和发展这一地方优良品种，广灵县畜禽育种场从2007年开始采取本品种选育，进行广灵大尾羊保种工作。

九、品种评价和展望

广灵大尾羊发展方向应以羊肉生产为主，一方面可以进行本品种选育，提高繁殖率；另一方面可引进萨福克羊、无角道塞特羊等进行杂交改良，提高产肉性能。经试验广灵大尾羊是一个理想的肉用杂交母本品种。其耐粗饲，抗寒、抗病力强，遗传性能稳定，生产的羊肉肉质鲜嫩、味道鲜美，是老幼皆宜的绿色营养保健食品。

山 西 细 毛 羊

山西细毛羊属毛肉兼用型地方培育品种，1984年列入《山西省家畜家禽品种志》。

一、一般情况

（一）中心产区及分布

山西细毛羊原产地为山西省晋中市的寿阳县。中心产区为南燕竹镇、宗艾镇、平舒镇、七里河、温家庄等乡镇。

（二）产区自然生态条件及对品种形成的影响

寿阳县位于山西省晋中盆地东部、太行山西侧，地势较高，以丘陵山区为主，平均海拔 1 200m。属大陆性气候，是寒温干燥区和半寒温干燥区，平均气温为 7～10℃，最高气温 38℃，最低气温－15℃。无霜期 140～160d，年降水量 518.3mm，风速 2.5m/s。水资源 2.13 亿 m^3，年均地表水总量为 1.83 亿 m^3，地下水总储量为 3 000 万 m^3。土质为褐土类。

农作物主要以玉米、谷子、高粱、大豆为主，粮食作物 4.91 万 hm^2，饲料作物 2.1 万 hm^2，草地面积 2.23 万 hm^2，其中人工种草 2 000hm^2。每年产玉米 12.2 万 t。除生产玉米外，有种植杂粮的习惯，蔬菜生产亦占重要地位。

（三）品种生物学特性

山西细毛羊经长期人工培育适应了当地的生态条件，抗病能力强、疾病少，耐寒性能较好。当地 1—2 月有时气温－10℃以下，山西细毛羊在此低温高湿的环境下，栏舍内铺垫干草就可以产羔；7—8 月气温最高，常维持在 30～36℃高温，在此种高温条件下，山西细毛羊亦能耐受。耐粗饲，对饲草饲料没有特殊的要求。

二、品种来源及发展

（一）品种来源

山西细毛羊是以晋中绵羊为母系、以高加索细毛羊为主要父系，并导入德国美利奴羊和波尔华斯羊的血液，采用复杂育成杂交培育而成。

1. 杂交阶段 从 1953 年开始杂交试验，1985 年大量引用高加索细毛羊进行全面杂交改良，到 3～4 代后，发现有体格小、羊毛偏短的部分个体，后来引用德国美利奴羊和波尔华斯羊进行导入杂交，以改善其体重和羊毛长度。

2. 横交阶段 先后在 1976 年、1978 年和 1982 年，组织了技术力量，对寿阳等地的细毛羊进行普查鉴定，以 3～4 代为主，经鉴定达到育种指标者进行横交固定，自群繁育；达不到育种指标者，严格淘汰。以场带队、点面结合开展协作活动，改善饲养管理，使其外形特征渐趋稳定，生产性能不断提高。

3. 推广阶段 在 20 世纪 80 年代中期在山西省的大同市、忻州市以山西细毛羊作为种羊改良本地绵羊。据群众反映，用山西细毛羊改良本地粗毛羊后代表现好，改善了羊毛品质，增加了剪毛量，提高了经济效益。

（二）群体规模

据 2006 年 12 月调查，寿阳县南燕竹镇的榆林村和宗艾镇小河沟村，共存栏山西细毛羊 155 只，其中公羊 26 只，母羊 129 只、其中能繁母羊 87 只；育成羊 56 只，育成母羊 38 只；哺乳羊 6 只，公羔 2 只，母羔 4 只。基础公羊占全群比例 4%，基础母羊占全群比例 56%。

三、体型外貌

山西细毛羊体格中等，全身被毛为白色，肤色为白色，同质毛。体质结实、结构匀称，体躯长，胸宽深，肋开张，背平直，后躯丰满。四肢结实、粗短，蹄质坚硬，骨骼坚实有力，肢势端正。头宽长，鼻梁平直、公羊微隆起。耳小、直立。公羊有螺旋形大角，向后外弯曲。母羊无角或有小角。公羊颈部有 1～2 个横皱褶，母羊颈部有发达的纵垂皮。被毛闭合良好，密度中等，毛长 7.0cm 以上。细毛着生于头部至两眼连线，前肢至腕关节，后肢至飞节。

四、体重和体尺

山西细毛羊体重和体尺见表 42。

表 42 山西细毛羊体重和体尺

性别	年龄	体重（kg）	体高（cm）	体斜长（cm）	胸围（cm）
公	周岁	37.3±1.5	59.4±1.9	59.8±1.5	77.8±2.1
母	周岁	48.6±3.3	61.0±2.1	61.6±1.6	94.0±3.6
公	成年	85.9±2.6	76.4±1.9	77.5±1.3	114.8±1.5
母	成年	65.3±4.2	68.1±2.3	78.6±9.5	103.2±3.5

注：2007 年 12 月山西省畜禽繁育工作站测量。

五、生产性能

（一）产毛性能

山西细毛羊公羊平均产毛量 9.5kg，被毛厚度 4.95cm，纤维自然长度 7.1cm；母羊平均产毛量 4.6kg，被毛厚度 4.35cm，纤维自然长度 5.5cm。周岁公羊产毛量（3.5±0.56）kg，周岁母羊产毛量（3.2±0.86）kg。羊毛细度 60～64 支，伸直长度 8.88cm。山西细毛羊产毛性能见表 43。

表 43　山西细毛羊产毛性能

性别	年龄	自然长度（cm）	伸直长度（cm）	伸长率（%）	细度（μm）	净毛率（%）	强力（g）	断裂伸长（cm）
公	成年	5.5±0.4	9.2±0.8	67.0±9.3	22.7±4.9	57.6±6.4	6.9±1.8	3.7±0.3
母	周岁	5.1±0.5	8.6±1.3	68.2±8.0	19.7±3.4	52.5±8.5	4.5±1.0	3.0±0.2
	成年	5.2±0.4	8.9±0.7	72.3±5.3	21.6±5.0	56.4±7.8	5.5±1.1	3.4±0.7

（二）产肉性能

山西细毛羊产肉性能见表 44。

表 44　山西细毛羊产肉性能

项目	数量	屠前重（kg）	胴体重（kg）	净肉重（kg）	屠宰率（%）	净肉率（%）	肉骨比
周岁羯羊	15	44.4±1.6	19.1±1.5	14.2	43.7±0.1	32.1	3.04：1

六、繁殖性能

山西细毛羊 8～12 月龄性成熟，公、母羊初配年龄18月龄，一般利用年限7年。夏季和秋季发情，发情周期 15～18d，持续期 24～48h，一个配种季节每只公羊配母羊 70 只。产羔率 110%～120%。羔羊初生重公羔 4.12kg，母羔 4.07kg。

七、品种评价和展望

20 世纪 80 年代国家比较重视山西细毛羊的培育，投入了大量的人力、物力，支持其培育选育工作，后由于缺少经费停止。为了提高本品种的生产性能，应建立保种场，开展本品种选育，进一步提高生产性能。

陵川半细毛羊

陵川半细毛羊属毛肉兼用型半细毛羊培育品种。1983 年经过国家育种协会鉴定，命名为“陵川半细毛羊新类群”，1984 年列入《山西省家畜家禽品种志》。

一、一般情况

（一）中心产区及分布

陵川半细毛羊主要分布在山西省陵川县西南部的丘陵地区和中部半石山区，多集中于西河底、秦家庄、杨村、附城、崇文、礼义、平城七个乡镇。

(二) 产区自然生态条件及对品种形成的影响

陵川县位于山西省东南端，太行山尾部的最高峰处，平均海拔 1 050m，总面积为 1 760km²。太行山脉由北向东、东南、南三方蜿蜒起伏于全县境内，构成东北高、西南低的天然地势，万峰环列，悬崖峭壁，沟壑纵横，地形复杂。全县分为石山区、丘陵区和较平川区三个类型。属温暖偏寒的大陆性气候，天气多变，冬季漫长，少雪干冷；春季干旱多风；夏季热量差，无明显夏季；秋季雨雾较多，气温急降，易受霜、冻危害。全县年降水量 690mm，雨季多集中在 5—10 月，风力 1.8m/s。年平均气温 8.8℃，最高 33.9℃，最低 −16.1℃。湿度 61%，无霜期 164d。全县现有牧坡 3.9 万 hm²、可牧林地 3.3 万 hm²、人工草地 133hm²，可牧面积总计 7.25 万 hm²。

(三) 品种生物学特性及生态适应性

陵川半细毛羊体格中等，体质结实，耐粗饲，适应艰苦环境条件，喜游走，抓膘快，产毛性能良好，肉质鲜嫩，抗病力强。

二、品种来源及发展

(一) 品种来源

陵川半细毛羊的选育从 1971 年开始，以细杂母羊为母本，以罗姆尼羊和考力代羊为父本，采用复杂育成杂交方法，羊毛主体支数为 56～58 支。育种过程大致分为三个阶段。

1. 杂交改良 1953 年陵川县曾先后引进苏联高加索羊和新疆细毛羊种公羊与当地土种母羊进行杂交。1971 年开始，决定在陵川原有细杂母羊的基础上，培育 56～58 支为主体支数的毛肉兼用半细毛羊。当时选择郭家川、杨寨、池下三个大队和陵川羊场的细杂母羊为基础，按照母羊的被毛品质分为同质、基本同质和异质三种类型，然后分别与罗姆尼羊、考力代羊公羊进行不同组合的杂交试验。试验结果表明：母本以基本同质毛为最理想，达到半细毛羊标准的比例高。从父本来看，罗姆尼羊对加粗羊毛纤维直径，提高羊毛长度的贡献较为突出；而考力代羊对改善后代被毛的同质性、增加羊毛密度以及适应性方面优于罗姆尼羊。通过试验，制订了培育陵川半细毛羊的杂交育种方案。具体方法是：细杂母羊被毛异质者，与考力代羊杂交为主，被毛同质性较好的母羊以与罗姆尼羊杂交为主。其后代有 53%以上的羊只达到了育种指标。对罗杂、考杂一代羊毛偏细偏短的母羊再导入林茨半血种羊的血液，这样大大改善了羊毛的长度和细度，理想型的羊只显著增加，加快了杂交改良的步伐。

2. 横交阶段 陵川县自然条件较差，冬春枯草期长达 7 个月之久，饲草、饲料不足。因此，耐粗放的饲养管理和适应性成为培育半细毛羊的主要问题。为了保持这一特性，外来品种的血液不宜太高。陵川半细毛羊基本上是在罗半血、考半血的基础上进行横交的。横交后代中合乎理想的个体进行自群繁育，非理想型个体继续杂交。由于及时进行横交和自繁，使陵川半细毛羊既能适应当地生态条件，又保持了较好的生产性能。

（二）群体规模

从 1983 年育成半细毛羊品种之后，陵川半细毛羊及杂种羊达 3 万余只，占全县绵羊总数的 85%以上。20 年来因为没有品种保护性政策，品种数量逐渐减少，质量逐年下降。特别是近 10 年来，陵川半细毛羊品种已处于濒危状态。据统计，现存栏仅 2 641 只，其中配种公羊 20 只，但已不符合半细毛羊品种标准要求。

三、体型外貌

陵川半细毛羊体质结实，结构匀称，肋骨开张良好，体躯宽而深，背平直，后躯发育丰满，四肢端正有力，具有肉用体型。被毛白色，呈毛丛结构，头部毛着生到两眼中间连线，前肢毛着生到腕关节，后肢长到飞节。羊毛弯曲大，部分呈浅弯曲。被毛长 10cm 左右。在正常营养情况下油汗的含量适中，多为乳白色，少数呈浅黄色。皮肤白色。头部略短，嘴唇厚而宽，嘴端与耳部有黑色斑点。公母羊一般无角。颈短、皮肤松弛、富有弹性，全身无皱褶，腹毛着生良好。

四、体重和体尺

陵川半细毛羊体重和体尺见表 45。

表 45　陵川半细毛羊体重和体尺

类别	数量	体重（kg）	体高（cm）	体长（cm）	胸围（cm）	胸宽（cm）	胸深（cm）
周岁公羊	4	43.8±2.6	53.5±4.1	56.0±4.1	104.8±5.3	24.3±1.5	35.5±1.3
成年母羊	80	52.7±49.6	61.4±4.2	60.8±3.1	107.8±3.0	25.2±1.0	35.2±1.8
成年公羊	16	63.7±7.3	66.2±3.9	65.6±3.0	112.9±3.1	25.4±1.4	36.4±1.6

注：2006 年 12 月到 2007 年 1 月晋城市畜牧兽医局和陵川县畜牧中心的技术人员测定。

五、生产性能

（一）产毛性能

陵川半细毛羊产毛性能见表 46。

表 46 陵川半细毛羊产毛性能

类别	数量	产毛量 (g)	自然长度 (cm)	伸直长度 (cm)	伸长率 (%)	细度 (μm)	净毛率 (%)	强力 (g)
周岁公羊	4	5.6±0.3	5.9±1.8	9.5±1.8	62.5±8.3	23.7±0.2	59.3±9.6	6.9±1.8
成年母羊	80	5.0±0.4	5.3±1.1	8.6±2.2	61.7±6.7	21.8±1.6	62.7±7.1	5.8±1.0
成年公羊	16	6.4±0.5	6.5±1.9	10.8±4.4	67.3±7.8	58.0±0.0	58.6±5.4	7.4±0.8

注：2008 年山西农业大学测量分析结果。

（二）产肉性能

陵川半细毛羊出肉率为 20% ，瘦肉比例大，肌纤维细、呈鲜红色，脂肪分布均匀。味美、鲜嫩、膻味小。

六、繁殖性能

陵川半细毛羊的性成熟年龄，公羊 5～6 月龄，母羊 8 月龄。配种年龄公羊 1.5 岁，母羊 2 岁。母羊发情周期平均 15.5d，范围 13～18d，发情持续期 40h。妊娠期平均 149.8d，范围 140～160d。产羔率 109%。

七、饲养管理

陵川半细毛羊主要培育在陵川县的丘陵区和半石山区，由于这些地区昼夜温差大，年降水量均衡，牧草生长旺盛，牧草中禾本科、豆科牧草比一般为 7∶3，加之这一地区的农民有种植冬小麦的习惯，为培育陵川半细毛羊提供了良好的条件。在养羊方面，一年四季以放牧为主，素有产羔后补饲、冬季补料的传统习惯。因此，陵川半细毛羊在产毛量、产仔率、生长速度等方面均具有一定的比较优势。

八、品种评价和展望

陵川半细毛羊遗传性能稳定，具有善爬坡、抗病力强、繁殖率高、耐粗饲等优点，增膘快、产毛量高、毛肉兼用等优势，不足之处是屠宰率偏低，今后应该以保种为重点，向肉毛兼用方向发展。

牛品种

晋南牛

晋南牛属役肉兼用型黄牛地方品种。1984 年列入《山西省家畜家禽品种志》，2011 年列入《中国畜禽遗传资源志·牛志》，2014 年入选《国家级畜禽遗传资源保护名录》。

一、一般情况

（一）中心产区及分布

晋南牛因产于山西省晋南盆地而得名，主要分布于运城、临汾两市的万荣、河津、临猗、永济、盐湖、夏县、闻喜、稷山、芮城、新绛、绛县、平陆、侯马、曲沃、襄汾等地，其中以永济、临猗、万荣、河津、稷山为中心产区。

（二）产区自然生态条件及对品种形成的影响

晋南牛产于山西省西南部汾河下游的晋南盆地，西邻陕西省，南接河南省。属于暖温带大陆性半湿润季风气候，四季分明。春季少雨多风，十年九旱，且时间短；夏季高温多雨，多局部性雷阵雨、暴雨、冰雹并伴有短时大风天气；秋季凉爽宜人；冬季寒冷干燥，多寒潮，少雪多风，且持续时间长。年平均气温 10～14℃，年降水量 500～650mm，无霜期 160～220d，海拔一般 167～2 321.8m。

晋南盆地有良好的水热条件和肥沃的土壤条件，蔬菜和水果种植面积逐年增长。运城市以水果、蔬菜为主，临汾市以棉花、小麦为主，其次为豌豆、大麦、豆类、谷子、玉米、高粱、花生和薯类等农作物。耕作制度为一年两作。

（三）品种生物学特性及生态适应性

晋南牛为地方良种，耐热、耐劳、耐苦、耐粗饲，无不良疾病遗传史，发病率低。在生长发育晚期进行育肥时，饲料转化效率和屠宰成绩良好，是古老的役用地方良种黄牛之一。但乳房发育较差，泌乳量低。

二、品种来源及发展

（一）品种来源

晋南盆地是我国农业文明的发祥地之一，早在石器时代就有了活跃的农业生产活动。尧都平阳、舜都蒲板、禹都安邑（今夏县）均在该区域。农业比较发达，促进了对家畜的驯化、利用和选育提高，史上有“山西黄牛大于水牛，一牛牵一乘大车”的记载。汉代修建的商系渠，引汾河、黄河水灌溉皮氏（河津）、汾阴（万荣）和蒲板三县土地，使该地区成为当时重要的粮食产地“大批粮食由汾入渭漕运京师（西安）”。作为主要役畜，当地群众对牛非常重视，往往不惜步行几十里牵母牛去配好的公牛。公牛饲养户利用集市、庙会等机会，把公牛刷拭干净，披红戴铃，宣传推介。在长期选留种牛中，当地群众总结提炼出“狮子头，虎身子；前裆能过头，后裆塞下手”“前山（鬐甲）高一寸，力气用不尽；后山（荐部）高一掌，只听鞭子响”“漏斗骨（臀端宽）要宽、奶盘（乳房）要大”等选种谚语。经过当地群众的长期选育，形成了晋南牛体躯高大，肌肉发达，役用性能好；耐苦耐劳，适应性强，繁殖力强，并具有较好产肉性能的特点，成为我国中原地区著名的地方品种。

（二）群体规模

20 世纪 80 年代晋南牛存栏高达 30 万头，由于农业产业化的调整和杂交改良技术的普及，以役用为主的晋南牛失去其使用价值，牛群数量急剧减少，目前，产区纯种晋南牛存栏数 4 万多头，其中能繁母牛 1.95 万头。现存栏晋南牛的后代近亲系数不断增高，个体品质下降，纯种晋南牛的后代生产性能也逐渐下降。加之农业机械化的水平逐步提高，以役用为主的晋南牛已逐渐失去役用性能，处于濒危维持状态。

三、体型外貌

晋南牛体躯高大结实，毛色以枣红色为主，鼻镜呈粉红色，蹄壁多呈粉红色、质地致密。公牛头短，额宽，眼大有神，顺风角，颈粗而短，垂皮发达；前胸宽阔，肩峰不发达；背腰平直、长宽中等，尻部长度适中，两腰角突出而宽，臀端较窄；前肢端正，后肢弯度大，后裆窄、两后肢靠得较近，蹄大而圆。母牛头部清秀，乳房发育较差，乳头较细小。犍牛头长而稍重。晋南牛中有一种类型，臀部、股部发育比较丰满，附着肉较多，偏役肉兼用。

四、体重和体尺

晋南牛体重和体尺见表 47。

表 47　晋南牛体重和体尺

性别	头数	体重（kg）	体高（cm）	体长（cm）	胸围（cm）	管围（cm）
公	50	660	141.8	166.7	206	21.5
母	50	442.7	133.5	157.2	192.5	18.9

注：2008 年 6 月在运城市黄河滩牛场测定。

五、生产性能

1. 肉用性能　晋南牛肌肉丰满，肉质细嫩。成年牛在育肥条件下，平均日增重 851g（最高日增重可达 1.13kg）。在营养丰富的条件下，12～24 月龄平均日增重公牛 1.0kg、母牛 0.8kg。24 月龄公牛屠宰率 55%～60%，净肉率 45%～50%。眼肌面积公牛 83cm^2、母牛 68cm^2。

2. 役用性能　晋南牛最大挽力为体重的 65%～70%，经常挽力为体重的 35%～40%。

六、繁殖性能

晋南牛公犊初生重 26kg，9 月龄性成熟，24 月龄开始采精配种。成年公牛平均射精量 4.7mL，精子活力 4.4，精子密度中等以上，每毫升精子数 16.69 亿个，pH7.25。

母犊初生重为 24kg，7～10 月龄开始发情，24 月龄配种，产犊间隔 14～18 个月，终身产犊 7～9 头。最长可活到 25 岁，终身繁殖 18 胎。

七、饲养管理

晋南牛以舍饲为主，当地有苜蓿青草与小麦秸分层混铺，碾压、晾干后用调制草喂牛的方法。干草、青草和玉米秸青贮等也是常用粗饲料。母牛常年补饲精饲料，配种前及妊娠前期增加补饲精饲料，日喂量可达体重的 2%。

八、品种保护

采用保种场保护。2012 年建成国家级晋南牛保种场。

九、品种评价和展望

晋南牛是古老的役用地方良种牛之一，体型高大粗壮，肌肉发达，前躯和中躯发育较好，耐热、耐劳、耐苦、耐粗饲，具有良好的役用性能；在生长发育晚期进行育肥时，饲料转化效率和屠宰成绩都良好，是有希望向肉役兼用方向选育的地方品种之一。目前存在着乳房发育较差、泌乳量低、尖尻、斜尻等缺点，应在今后的选育中加以改进。

平陆山地牛

平陆山地牛属役肉兼用型地方黄牛品种，当地又称“爬山虎”。1984年列入《山西省家畜家禽品种志》，2011年列入《中国畜禽遗传资源志·牛志》。

一、一般情况

（一）中心产区和分布

平陆山地牛主要产于山西省平陆县，夏县和盐湖区也有少量分布。

（二）产区自然生态条件及对品种形成的影响

平陆山地牛中心产区地处山西省最南端，位于中条山南麓，隔黄河与河南省为邻。属土石山区，地势南低北高，地形复杂，沟壑纵横，素有“平陆不平沟三千”之称。属暖温带大陆性季风气候，年平均气温13.8℃，年降水量602mm，无霜期200d，最大风力6～7级。土质属于褐土类。

全县共有耕地3.53万hm^2，粮食作物以小麦为主，其次是玉米、豆类、薯类、谷子等；经济作物主要是棉花、油料、果品、蔬菜、药材、麻类等。

（三）品种生物学特性及生态适应性

平陆山地牛适应性强，耐粗饲，易管理，是役肉兼用地方优良品种。

二、品种来源及发展

（一）品种来源

平陆山地牛的形成是当地农民长期驯化及自然条件选择的结果。

（1）产区气候温和，雨量充沛，牧草茂盛，饲草饲料条件较好。全年有7个月的青草期。群众有打晒青干草和种植苜蓿的习惯，冬季补饲棉籽及黑豆等精饲料，这是牛充分生长发育的物质基础。

（2）当地群众选择种牛的标准为“短腿、大身子、头如桶、眼如蛋、肩如伞、背如案（板）”，即所说的“爬山虎”类型牛。当地农谚有“买牛要买爬山虎，种地要种黑土地（黑钙土、腐殖质多）”。由于交通不便，平川牛因不能适应山区条件而被自然淘汰，促使当地群众只能在本地牛群中选择种公牛配种，形成天然的闭锁繁育。经过长期的选种和近亲繁育，使牛群逐渐纯化，体形毛色趋向一致，生产性能稳定。

（3）当地是土石山区，千沟万壑，山高坡陡，耕地块小而分散，道路狭窄而坎坷，所以只有腿短而有力，蹄质坚硬耐磨，行动灵活，个体不大，采食量少，易上膘而又能保膘的牛才能保留下来，长期自然和人工选择形成了平陆山地牛。

（二）群体规模

近 20 多年，由于当地引进夏洛来牛和西门塔尔牛改良杂交本地牛，使本地牛由最多时的 3 万多头下降到目前的 5 599 头，其中能繁母牛 3 850 头、种公牛 1 075 头。

三、体型外貌

平陆山地牛的毛色有黄色、红色、草白色和黑色等，以黄色和红色较多。依其体型外貌可分为两大类：一类是背腰较长的“爬山虎”，另一类是背腰较短的“圪塔牛”。其中以“爬山虎”类型为主。公牛头稍短而粗，颈短而丰满、并有较多皱褶和垂皮。母牛较清秀，鼻镜多为粉红色或灰色。角多为龙眉形，公牛角短而粗，母牛角细长。体型较小，体躯较长，结构紧凑，体质结实。前胸开阔宽深，背腰长宽平，肋骨开张良好，尻部宽平，臀部圆深，肌肉发达，后裆宽，甚少斜尻或尖尻。四肢较短，端正结实。蹄圆缝紧，蹄壁较厚，蹄缝较深，光亮坚硬，结实耐磨，呈灰褐色，蹄质部有深褐色圈纹。

四、体重和体尺

平陆山地牛体重和体尺见表 48。

表 48　平陆山地牛体重和体尺

性别	数量	体重（kg）	体高（cm）	体斜长（cm）	胸围（cm）	管围（cm）
公牛	10	562.3	132.4	160.6	186.9	19.2
母牛	50	428	127.0	148.2	183.8	18

注：2008 年 4 月在平陆县测量。

五、生产性能

1. 肉用性能　所见资料中均引用 1979 年 10 月对 5 头成年牛屠宰性能的测定结果，平均宰前活重 404.0kg，胴体重 216.2kg，屠宰率 53.5%，净肉率 46.9%，眼肌面积 74.7cm^2。

2. 役用性能　平陆山地牛耐力较好，山路行走，每头牛可拉载重 400～500kg 的大车，行走速度中等，日行程 30km。每犋（体型大的牛一头一犋，体型小的牛两头一犋）日耕地 2～2.5 亩*。

六、繁殖性能

平陆山地牛繁殖以本交为主。公牛 12 月龄性成熟，24～30 月龄开始配种利用，繁殖利用年限 8～10 年。公牛一次射精量 4mL，精子密度 5 亿/mL，原精液精子活力 0.7 以上。母牛初情期 10～12 月龄，一般在 20～24 月龄初配，繁殖率 70%～90%。初生重公犊 24kg，母犊 22kg。

七、饲养管理

平陆山地牛全年放牧，饲养管理粗放。严冬季节短时间舍饲，舍饲期给予一定数量的青干草，每日每头补饲精饲料 0.5kg 左右。

八、品种评价和展望

在中原地区，平陆山地牛是体格较大、背膘较长的品种，对山区环境有良好的适应性。其臀部和股部比较发达，肌肉丰满、产肉性能较好。但由于农业机械化程度的提高和农业产业化的调整，役用为主的平陆山地牛失去利用价值，但其具有选育为肉用牛的潜力，以后应向肉用方向培育。

---

* 亩为非法定计量单位，1 亩＝0.067hm^2。

驴品种和马品种

»» 广　灵　驴 ««

广灵驴俗名广灵画眉驴，是国内大型驴地方品种，属于驮挽兼用类型。1984年列入《山西省家畜家禽品种志》，2011年列入《中国畜禽遗传资源志·马驴驼志》，2014年入选《国家级畜禽遗传资源保护名录》。

一、一般情况

（一）中心产区及分布

广灵驴主要分布在山西省广灵、灵丘两县，在其周围各县的边缘地区也有分布，但为数很少。至于产区中心，以广灵县南村镇、壶泉镇、加斗乡密度最大，质量较好，全县其他乡镇均有分布。

（二）产区自然生态条件

广灵县位于山西省东北部，地处塞外高原，属太行山系恒山山脉腹地尾部边缘区。全县境内山多川少，形成大小不等的四个盆地，壶流河贯穿全县。属温带大陆性气候，四季分明，冬季寒冷少雪，春季干燥多风沙，夏季炎热雨量集中，秋季晴朗凉爽。全年平均气温7℃，相对湿度54%，无霜期160d，绝对无霜期130d左右，年降水量200～600mm，地上、地下水源较丰富。全县总面积1 283km^2，林地面积1.33万hm^2，草地面积4.27万hm^2、已利用草地面积1.56万hm^2。农作物种植以粮食为主，有玉米、谷子、黍子、莜麦、葵花、菜籽、胡麻、薯类等。种植的饲料作物种类主要有饲用玉米、谷草、紫花苜蓿等。

（三）适应性及抗病力

广灵驴适应性强，抗病力强，全年很少发病，有病也较易治愈。

二、品种来源及发展

（一）品种来源

广灵驴是在一定的历史背景、自然环境和社会经济等条件下，经过长期的培育与选择而逐渐形成的。早在 200 多年以前，该驴已列为优良品种，广为农家饲养。其形成原因可归纳为以下几个方面：其一，是当地群众生产和生活的需要。广灵山多、川少，在过去耕地、拉车、驮运、拉碾磨等都要靠驴，而且群众把养驴作为副业经营。其二，有优越的草料条件。当地盛产谷子、豆类并有种植苜蓿的习惯。冬春多用谷草、黑豆、豌豆或其他豆类喂驴，夏季搭配苜蓿。当地俗语："开花苜蓿，豌豆料，草足料精营养好"，这是广灵驴形成的物质基础。其三，是精心饲养管理的结果。长期以来当地群众在养驴过程中积累了丰富的饲养管理经验，在喂草、喂料时讲究草短、料细，而且草料多样搭配。有"寸草铡三刀，料少也上膘""细草三分料""多种多样，喂的欢胖"等多种说法。在喂法上采取"头遍草，二遍料，最后再饮到"。当地还有放牧习惯，俗语有："赶出放一阵，强似喂一顿"。在管理上细心合理，饱不加鞭。其四，是严格选种选配的结果。当地群众历来重视种驴的选择。严格选留种驴、合理繁殖配种，并且有传统培育驹的习惯，总结了"母大儿肥，父强仔健""母畜好，好一窝，公畜好，好一坡"的谚语，配种时实行人工辅助交配。

（二）群体规模

从 20 世纪 60—90 年代广灵驴最多时达到 1.1 万头。1960 年建起了广灵县优种驴场，开展驴的繁育提纯工作，使广灵驴品种更加纯正；到 90 年代后期，驴的役用功能减弱，驴群养殖数量逐年减少，尤其近几年减少的幅度更大。2015 年年底统计，广灵驴现存栏 1 960 头，其中基础母驴 1 020 头、公驴 52 头，未成年驴及驹 888 头。

三、体型外貌

广灵驴体型高大，体躯较短，骨骼粗壮，体质结实，结构匀称，肌肉丰满。头较大，额宽，鼻梁平直、眼大微突，耳长、两耳竖立而灵活，头颈高扬。颈肌发达、粗壮高昂，头颈和颈肩、颈肩和颈背结合良好。鬐甲宽厚微隆。前胸开阔，胸廓深宽。腹部充实、大小适中。背腰宽广平直、结合良好。尻宽而短斜。四肢粗壮结实，肌腱明显，前肢端正，后肢多呈刀状。关节发育良好，管较长，系长短适中。蹄小而圆，蹄质坚硬，步态稳健。尾粗长、尾毛稀疏。全身被毛短而粗密，毛色以"五白一黑"为主，当地又叫黑画眉，即全身被毛呈黑色，唯眼圈、咀头、肚皮、裆口和耳内侧的毛为粉白色。全身被毛黑白混生，并具有五白特征的，称青画眉。这两种毛色的驴，深受当地群众喜爱。还有灰色、黑色（俗称黑乌头）。一般黑画眉占 59%，青画眉占 15%，灰色占 13%，棕色占 6%，黑色占 4%，其他杂色占 3%。

四、体重和体尺

广灵驴体重和体尺见表 49。

表 49 广灵驴体重和体尺

性别	体重（kg）	体高（cm）	体长（cm）	胸围（cm）	管围（cm）
公	326±25	141.4±2.5	144.1±2.3	158.5±4.6	18.9±0.7
母	322±32	139.3±3.8	144.4±5.1	157.5±5.7	17.7±0.7

五、生产性能

广灵驴力大持久，能挽善驮，为产区农业生产的主要畜力动力之一，长途骑乘每天 50km。最大挽力公驴 260kg，相当于体重的 80%；母驴 225kg，相当于体重的 70%。在一般的土地上，可驮重 100kg 左右，最高达 163kg，日行 40～50km。

六、繁殖性能

广灵驴 15 月龄左右性成熟，母驴在 2.5 岁、公驴在 3 岁以后开始配种。利用年限母驴 15 年左右，一生可产驹 10 头以上；公驴可使用 13～15 年。母驴常年发情，并伴随有完整的卵泡发育，一般发情季节多在 2—9 月，其中以 3—5 月为发情旺季，也是最适宜的配种时期。发情周期 21d，发情持续期 5～8d。妊娠期 365d。年产驹率 79%。初生重公驹 37.6kg、母驹 36.3kg。采用人工授精时母驴受胎率 85%，每头公驴的配种数 150 头。

七、饲养管理

（一）饲养方式

广灵驴产区农副产品丰富，草料充足。饲养方式以舍饲为主，农闲时也进行一些野外放牧。一般分槽喂养，定时定量，饲喂时间充足，每天不少于 6～7h。喂前，饲草铡短，饲料破碎，有的把精料炒熟或加盐煮熟喂。农闲喂两次，农忙喂三次，采取先草后料、先干后湿、四草三料、少给勤添的原则。群众很重视夜间饲喂，每晚喂夜草 2～3 次，每天饮水 3 次，冬春季饮温水，一般是下槽饮水。

（二）日饲喂量

一般用途不同，日饲喂量亦有所区别，对种公驴饲养管理比较细微，非配种季节日喂黑豆 1.5～2kg，谷草 5～6.5kg，每年 12 月开始增加料量；到 3 月底配种旺季日喂花料 1kg，黑豆 2.5～3kg，谷草 3.5～4kg，并喂食盐 40g。有条件的从春季开始日加喂胡萝卜 1kg、大麦芽 0.25kg，夏季喂水拌麸皮 0.25kg。11 月底配种结束后即行减料。

母驴：优种母驴以繁殖为主，母驴怀孕前期的喂养与一般驴相同，怀孕 6 个月后减轻使役强度，加强饲养，日喂精料 1.5～2kg、谷草 5～6kg，分娩 12d 内喂加盐小米汤，有解渴、营养及催化作用。

驹：驹生后 10d 内跟随母驴生活，15d 左右开始认草认料，2 月龄时补料 0.25～0.5kg，6 月龄断奶。断奶后好草好料，自由饮水。冬季喂谷草、青莜麦和干草，夏季喂苜蓿、谷草、青草等，精料以黑豆煮热加盐喂给。

役驴：以使役为主的各类驴，农忙活重时每天喂料 1.5～2kg，农闲时 0.5～1kg，饲草 5kg 左右。青草生长季节，多数进行放牧，放牧期间少数补草补料，一般只补草不补料，每 7d 喂盐 1 次。

（三）管理方面

当地群众对驴的管理很重视，一般饲养场地较大，厩舍宽敞、阳光充足，在日常管理中，一般都能做到圈干、槽净、体净。群众常说："圈干槽净、牲口没病""三刷两扫，强似喂料"。种公驴每日刷拭并运动 1～2h，配种季节过后，适当参加使役；怀孕母驴除随群放牧自由运动外，每天牵遛 2～3h。群众说："产前不动弹，生产加困难"。尤其对怀孕母驴做到不喂霉烂草、不饮冰渣水、不放霜雪草、不饮空肚水、不放高粱芽子、不打冷鞭、不打头部，防止流产。对驴驹从 1.5 岁开始调查，无种用价值的驴驹，2 岁去势后使役。

（四）抗病、耐粗情况

由于广灵驴体格健壮，又生活在寒冷多变的环境中，对各种饲草饲料都能利用，以体大力足、粗壮结实著称，且抗病、耐粗饲，遗传性能好，适应性强。

八、品种保护

1958 年广灵被省政府确定为广灵优种驴保种繁殖基地县。1960 年建成广灵优种驴场进行广灵驴的繁育和育种，提出过保种和利用计划，负责在全县各乡镇及饲养密集的村庄建保种育种基地，并建立了品种登记制度。

九、品种评价和展望

广灵驴主要特点是：体大力强、持久力好，结构匀称、骨骼粗壮、肌肉丰满、耐粗饲、抗病力强。缺点是体形结构松弛。随着社会的发展，广灵驴主要用途由使役型向经济实用型转变，今后研究、开发和利用的主要方向是进一步提高肉、皮、毛、骨的品质，提高胴体产肉率，提高增重速度。

>>> 临 县 驴 <<<

临县驴属于中型驴种。1984 年列入《山西省家畜家禽品种志》，2011 年列入《中国畜禽遗传资源志·马驴驼志》。

一、一般情况

（一）中心产区和分布

临县驴主要分布在山西省西部沿黄河一带的丛罗峪、刘家会、小甲头、曲峪、克虎、八堡、开化、兔板、水槽沟、雷家碛、曹峪坪等乡镇。在中心产区的小甲头乡有个正觉寺，当地流传有："正觉寺前后有三宝：苜蓿、毛驴、大红枣"。

（二）产区自然生态条件及对品种形成的影响

临县位于吕梁山区西部，晋西北黄土丘陵地带，东靠方山，西临黄河，隔岸与陕西佳县相对，北接兴县，南连离石、柳林，南北纵长 90km，横宽 80km。境内丘陵遍布，沟壑纵横，由于树木少、土层薄，蒸发量大，所以十年九旱。种植农作物有谷子、高粱、豆类、小麦、马铃薯、玉米等，经济作物有棉花、油料，栽培牧草有苜蓿。产区虽属丘陵山区，但作物种类多，杂粮为主，饲草饲料条件好。因而为形成体质结实粗壮、吃苦耐劳、适于山区特点的临县驴，提供了适宜的环境条件。

（三）品种生物学特性及生态适应性

临县驴体格强健、体质结实、体型中等，是适宜丘陵山区饲养的优良品种。

二、品种来源及发展

（一）品种来源

临县驴的来源系由陕北引起，与佳米驴有血缘关系。在当地生态条件下经群众的长期培育选择形成了临县驴的地方品种，其形成的主要因素是：①有良好的草料条件。临县历来有种植苜蓿的习惯，农作物以杂粮为主，冬春喂谷草、豆料，夏秋时喂青草苜蓿。②重视选择培育。临县驴温驯易使，用途广泛，便于饲养。③大部分村庄有饲养种公驴的专业户，每年配种季节赶集串村，专为母驴配种。④精心饲养管理，当地群众对驴的饲养管理十分精细，草料足、质量高。在使役上种驴只耕地不拉磨，不驮水。

(二)数量规模

据2008年的调查，共有临县驴1 261头，其中适龄母驴1 178头。

三、体型外貌

临县驴体格强健，体质结实，结构匀称，体型中等，呈正方体。体色以黑色带有“四白”(两眼圈白、嘴头白、肚皮白)为主要特征。“四白”界线明显的称为黑雁青；全身乌黑，肚皮也没有明显界线的是墨锭黑即全黑；此外还有灰色及其他杂色，数量很少。头部适中，眼大有神，两耳直立，嘴短而齐，鼻孔大，头颈粗壮高昂，鬣毛密。鬐甲突出，背部平直，肩甲倾斜，胸部开阔，背腰呈圆筒状。四肢坚实，关节发育良好，前肢短直，管围粗壮，系长短适中，蹄大而圆，蹄质坚硬。尾根粗壮，尾毛稀疏。

四、体重和体尺

临县驴体重和体尺见表50。

表50 临县驴体重和体尺

性别	数量	体重(kg)	体高(cm)	体长(cm)	胸围(cm)	管围(cm)
成年公驴	2	189.5±25.5	124	129.5	148	17.5
成年母驴	12	216.4±23.9	123.6±3.0	128±3.9	146±7.1	16±0.9

五、生产性能

临县驴属于中型驴种。驹生长比较缓慢，2岁时体高仅达成年体高的90%。性晚熟。公驴最大挽力相当于体重的85.1%。母驴最大挽力相当于体重的74.4%。可载重300～350kg，日行30km左右。一般驮重80～90kg，日行30～35km。

六、繁殖性能

临县驴公驴4岁开始配种，都采用本交，全年可配50～60头母驴，种公驴的使用年限10～12年。母驴15月龄左右开始发情，3岁开始配种。母驴的发情周期21d，发情持续期4～7d，妊娠期360d左右，繁殖利用年龄15岁左右，终身产驹10～12头。

七、品种评价和展望

临县驴是丘陵山区驮挽兼用品种，有耐粗饲、适应性强、善于山区作业的特点。一般多在20°左右坡地上耕地驮运，是适合山区的优良驴种。为了恢复并提高临县驴的数量和质量，充分发挥这一品种的优良特性，应从以下几个方面着手，采取措施。

(1) 改善草料条件。近些年来，驴的质量下降与草料条件发生变化有很大关系。过去作物以谷子、豆类为主，现在以高粱、玉米居多，饲草也就从谷草转为玉米秸了。同时许多苜蓿地改种粮食、红枣，过去两亩苜蓿养一头驴，目前已大为减少。饲养员反映："过去养驴每天喂黑豆1.5kg，现在是玉米1kg"。这样草、料条件跟不上，影响驴的生长繁育，特别是有碍驹的生长发育，致使质量不断下降。为此，在考虑作物布局时，应充分顾及牲畜草料构成这一因素，并有计划地发展苜蓿和其他牧草，以改变目前草、料低劣的局面。

(2) 改进饲养管理。临县有丰富的养驴经验，但现代化发展过程中认为养驴没有前途，机械化设备代替驮、拉、耕，人们不重视驴的饲养，饲养管理粗放。为了改变这种状况，应改变管理方式和认识，提高饲养管理质量。

(3) 搞好本品种的选育工作。为了保持临县驴的优良特性，并逐步提高其体尺和性能，应建立以县优种驴场为核心、优种驴基地乡镇为骨干的饲养繁育体系，在加强饲养管理的基础上，做好选种选配工作，改变目前忽视选种、选配的现象，以扩大数量，进一步满足山区农民生产、生活等方面对驴的需要。

晋南驴

晋南驴是我国大型驴地方品种，属于驮挽兼用类型。1984年列入《山西省家畜家禽品种志》，2011年列入《中国畜禽遗传资源志·马驴驼志》。

一、一般情况

(一) 中心产区和分布

晋南驴产于山西省的南部，中心产区在夏县、闻喜、盐湖、临猗、永济等县（市、区），以夏县、闻喜两县的饲养密度较大、质量较好。

(二) 产区自然生态条件及对品种形成的影响

晋南驴中心产区夏县、闻喜相邻。东临绛县、垣曲与河南隔河相望；西靠稷山、盐湖；北依新绛、曲沃；南接平陆县境。地处运城盆地，东依中条山，西有稷王山，峨嵋岭横贯其中。境内有山区、丘陵和平川。涑水河纵贯境内，土壤肥沃，气候温和，年平均气温12～14℃，年降水量500mm左右。无霜期为 180～210d，为山西省的棉麦产区。种植农作物有小麦、玉米、棉花等。

二、品种来源与发展

（一）品种来源

历史上晋南农民就有世代相传的养驴习惯。夏县、闻喜处于平川与山区连接的重丘陵地区，交通不便，养驴以驮运为主，也用于耕地、拉水车、拉碾磨以及骑乘等。因用途广泛，加上驴和其他大家畜比较，省草、省料，性情温驯，很少患病，容易饲养，因此农民把驴视为农家宝。

产区自然条件好，土地肥沃、饲料充足、秸草丰盛，农民有种植苜蓿的习惯，晋南的紫花苜蓿是著名的栽培牧草品种。优越的草料条件是形成晋南驴的重要物质基础。①重视饲养管理。群众根据当地条件和草料特点形成了独特的饲养方法。晋南是产麦区，麦秸是驴的主要饲草，为了弥补麦秸品质较差的缺陷，采取冬加麸皮、夏加苜蓿的补饲方法，把驴喂的夏季膘肥、冬季体壮。在饲草调制上，创造了“麦秸碾青”的方法。即贮存冬用苜蓿时，将鲜苜蓿与麦秸分层混合碾压，使苜蓿中的水分及营养物质渗入麦秸中，不仅避免了营养物质流失，也加速了干草的调制过程。②重视驹培育，哺乳期较长，一般 6～8 月龄断奶，并重视给哺乳期母驴补草补料，形成了驹生长发育快的特点。③精心选种选配。过去夏县、闻喜一带有专门的养驴户和配种行家，每到配种季节，走街串村做配种生意。逢集赶会更是提供了种驴展览和配种机会，可以选择最优良的种驴交配。这也是促进晋南驴形成的原因。

（二）数量规模

进入 20 世纪 80 年代，驴的役用及运输功能被机械化取代，加之其肉用性能没有得到很好的开发，晋南驴数量持续下降，濒临灭绝。

三、体型外貌

晋南驴体格高大，体质结实，近正方体型。毛色多数呈黑色，少数为栗色及灰色，其中以黑色带“三白”（粉鼻、粉眼、白肚皮）特征为上等。头部清秀、大小适中，耳大且长。颈部宽厚，头颈高昂，鬐甲稍低。四肢端正，关节明显，前肢有口袋状附蝉。背腰平直，尻部略高而斜。蹄较小而坚实。尾似牛尾。

四、体重和体尺

晋南驴体重和体尺见表 51。

表51 晋南驴体重和体尺

性别	体重（kg）	体高（cm）	体长（cm）	胸围（cm）	管围（cm）
成年公驴	208	133.2±3.7	130.7±3.7	151.1±3.6	16.4±0.4
成年母驴	218	133.2±3.5	130.2±3.4	151.5±2.5	16.3±0.3

五、生产性能

晋南驴平时拉车，载重500kg左右，日行30～40km。挽行1 000m。驮重80～100kg，日行50～60km。

六、繁殖性能

种公驴3岁开始配种，以4～10岁为最佳配种年龄，10岁以上改为役用。种公驴采用本交配种，1头种公驴可配母驴30～50头，人工授精为150～200头或以上，种公驴的精液品质较好。母驴驹8～12月龄性成熟。发情周期22d。2～2.5岁开始配种，妊娠期360d左右，终身产驹10头左右。

七、饲养管理

晋南驴常年舍饲，饲养管理比较精细，草料多样搭配。喂法上是分槽饲养，农闲时每天喂2次，农忙时每天喂3次，十分注意定时、定量，忌讳忽早忽晚，饥饱不均对消化机能的不良影响。喂时采取先草后料和勤添少给的原则，并注意夜间投草。

公驴单槽饲养，非配种季节每天喂料3kg，玉米、麸皮各半，饲草5kg左右。每年早春就逐渐加料，进入配种旺季每天加喂2kg玉米、3kg麸皮、4kg左右饲草。

繁殖母驴在空怀时期维持中等营养水平，每天喂料0.5～1kg；妊娠和哺乳期分槽喂养，增加精料，每天喂料1.5～2kg。

襄汾马

襄汾马属役用马。1984年列入《山西省家畜家禽品种志》。

一、一般情况

（一）中心产区及分布

襄汾马原产地是山西省襄汾县。但可能已成为历史品种，2006—2016年调查均未发现。

（二）产区自然生态条件及对品种形成的影响

襄汾县地处晋南盆地，位于临汾市中南部，地势平坦。属暖温带大陆性气候，年平均气温 8～13℃，无霜期平川、丘陵 195～200d，东山和西山 165～170d。降水集中在 7—9 月。年平均降水量 500～640mm，雨热同季，对农作物生长有利。

农作物主要以小麦、棉花为主，还有玉米、谷子、高粱、大麦、豆类和薯类。

二、品种来源及发展

（一）品种来源

襄汾马是以当地马为母系，引入古粗马和阿尔登马改良培育而成。

1. 第一阶段（1951—1957 年） 主要用古粗马和阿尔登马改良本地马。

2. 第二阶段（1957—1967 年） 主要是进一步发挥古粗马和阿尔登马的优势，用阿尔登马与古粗马杂交，但挽力不足。又引入阿尔登马与苏维埃重挽马，经多年杂交选育，效果良好。

3. 第三阶段（1967 年开始） 横交固定。

（二）群体规模

据 2006 年 12 月调查，襄汾马已十分稀少，其种公马已很难寻找，体型外貌也不符合品种标准。

三、体型外貌

襄汾马低身广躯、体躯较粗大，结构匀称，体质结实。头中等大，颈短粗，有些马颈上缘稍呈弓形弯曲。胸深广，背长宽而平直，尻宽而稍斜，四肢干燥，关节发育良好，蹄质坚实。毛色基本一致，以栗毛为主，骝毛次之。

四、体重和体尺

襄汾马体重和体尺见表 52。

表 52 襄汾马体重和体尺

性别	只数	体重（kg）	体高（cm）	体斜长（cm）	胸围（cm）	管围（cm）
种公马	7	500	153.7±2.3	158.4±3.0	189.7±6.0	23.6±0.7
母马	52	400	139.5±0.7	146.4±0.9	171.8±1.1	20.6±0.2

注：1982 年襄汾畜牧局测量。

五、生产性能

襄汾马性情温驯而有悍威，适应性强，挽力较大。最大挽力达到350～400kg。

六、繁殖性能

襄汾马初配年龄一般为2.5～3岁，年平均产驹0.8胎，终身产驹10胎左右。种公马终年配种80～120匹，平均100匹左右。

蜂品种

中华蜜蜂（山西省）

一、一般情况

（一）中心产区及分布

山西省中华蜜蜂（简称中蜂）主产区以太行山区、吕梁山区为主，分布于全省山区、半山区和丘陵地区，平原仅有少量分布。

（二）产区自然生态条件及对品种形成的影响

山西北邻内蒙古自治区，南与河南毗连，东以太行山与河北省为界，西隔黄河与陕西省相望。全省总面积 15.6 万 km^2，其中山地占 40%，丘陵占 40.3%，平原和台地占 19.7%。全省境内山环水绕，地形比较复杂，海拔大都在 1 000m 以上。属温带大陆性季风气候，全省年平均气温 3.7～13.8℃。无霜期 120～220d，由北向南变长。

全省现有蜜粉源植物 70 多科、近 200 属、500 多种。其中连片的大宗蜜源植物有 15 种之多，面积达 100 万～133 万 hm^2，蜜粉源资源十分丰富。

（三）品种生物学特性及生态适应性

中华蜜蜂定向能力强、利于管理，产卵能力强、能维持大群，采集和产浆性能优良，清巢能力优良、抗病能力强，特别对蜂螨抵抗能力强，能避开胡蜂的攻击。越冬性能良好，特别适合山西及华北地区蜜源气候条件，经济效益显著。

但中华蜜蜂盗性强、防盗能力差，育虫节律陡，易感染欧洲幼虫腐臭病、囊状幼虫病。

中华蜜蜂在山西省饲养历史悠久，蜂蜜平均年单产可达 40～50kg（在过箱后），洞式和桶式饲养每年只取 1～2 次蜜，蜂蜜年单产 15～25 kg。越冬性能良好，越冬损失率 22%～25%，越夏性能未做统计。

二、品种来源及发展

（一）品种来源

中国境内绝大部分地区都有分布，主要集中在自然植被较好的山区或半山区，山西省以太行山区、吕梁山区及丘陵地区为全省主产区，平原地区仅有少量分布。

早在14世纪，从明代刘基所著《郁离子》灵丘丈人养蜂一节中就有中华蜜蜂的描述，采蜜过程传统，中蜂流失严重。20世纪初，我国相继引进西方蜂种，即意大利蜂，简称意蜂，其个体大、群势强、体色鲜艳、性情温驯、产量较高。20世纪50年代初期，提出中蜂和外来蜂并重的发展方针。在农业主管部门的组织推动下，相继召开了多次中蜂新法饲养现场会，推广新法饲养技术，中蜂一个花期群产蜜15～20kg，年产50kg以上者比比皆是。50年代中期，大蜂螨、小蜂螨首先在江、浙意蜂上发生危害，继而蔓延全国，暴发成灾，损失十分严重；而中蜂则不受其害，于是蜂农纷纷放弃意蜂，改养中蜂，中蜂饲养出现了一个新的高潮。但中蜂囊状幼虫病发生较多，影响了养蜂业的发展，1972年，经主管部门和中国养蜂研究所组织成立了中蜂囊状幼虫病防治协作组，选育抗病种群，筛选有效中草药，采用相应的管理措施，中蜂囊状幼虫病防治大显成效。21世纪以来，中蜂面临西方蜜蜂的激烈竞争和病虫害的严峻考验，国家正在下大力气恢复发展中蜂，为中蜂的发展提供了广阔的前景。

（二）群体规模

山西省全省约有中蜂2万群，分布于山区、半山区和丘陵地区，在植被丰富的深山区，尚有很大一部分野生中蜂资源。

三、体型外貌

（一）形态特征

1. 蜂王　蜂王是蜂群中雌性器官发育完善的雌性蜂，一般体色呈黑色，也有少数腹部呈暗红色。蜂王头部呈圆形，前翅比工蜂的长，第7腹节是最后一个可见环节，末端稍尖。其主要职能专司产卵，以保证群体的繁衍壮大。一只优良的蜂王在产卵高峰期一昼夜可产卵700～1 000粒。

2. 雄蜂　雄蜂由未受精卵发育而成。特征是复眼大、翅宽大、腿粗壮。头部呈圆形，颜面隆起，一对复眼着生于头部两侧，几乎在头顶部会合，体色一般为黑色，雄蜂的主要职能是与处女王交配，雄蜂品质的好坏决定着后代遗传性状和品质优劣。

3. 工蜂 中蜂的工蜂又称职蜂，是雌性生殖器官发育不完全的蜂，头部呈三角形，背部为黑色，腹部呈黄褐色，正常情况下不产卵，体形较小。工蜂的主要职能是采集粉蜜、酿造蜂粮、哺育幼蜂、饲喂蜂王、修造巢房、守卫蜂巢、清洁蜂巢和调节蜂巢内的温度和湿度。工蜂是一个蜂群的主力军。工蜂的体色以黄黑花色为主。

(二) 工蜂主要形态鉴定指标

中华蜜蜂工蜂的主要形态指标见表 53。

表 53 蜜蜂主要形态指标 (mm)

项　目	最大值	最小值	平均值	标准差
吻 长	6.45	3.76	5.31	±0.42
前翅长	10.99	8.95	9.75	±0.43
前翅宽	3.65	2.77	3.14	±0.13
肘脉指数	8.35	2.83	5.02	±0.98
第三四背板长	4.40	4.08	4.082	±0.13

注：2008 年 9 月 3 日山西省晋中种蜂场对 100 群、1 500 只蜂测定结果。

在调查过程中，绝大多数中蜂工蜂的后翅中脉分岔，但极少数存在不分岔现象；还有一少部分中蜂工蜂的前翅外横脉中段突起。

四、体重

中华蜜蜂体重见表 54。

表 54 中华蜜蜂体重

项目	体重 (mg)	平均 (mg)	标准差
蜂王 (初生重)	165～180	175.5	±4.25
雄蜂 (初生重)	145～150	149.5	±2.41
工蜂 (初生重)	75～80	77.3	±2.14

五、生产性能

(一) 产蜜量

蜂产品产量受外界自然条件影响很大，生产技术也直接影响蜂产品的产量和质量。因此，根据调查综合统计，树洞式和桶式饲养的年产量只有 15～25kg，蜂蜜浓度可达 42～43 波美度，全年只取蜜 1～2 次；过箱后，洋槐花期蜂蜜单产 10～12kg，蜂蜜浓度 40 波美度，荆条花期 25～30kg，蜂蜜浓度 39

波美度，荆芥等秋季花期蜂蜜单产5～8kg，蜂蜜浓度41波美度蜂蜜。

过箱后，蜂蜜单产有所增加，因蜜源花种不同而产量有年差异，年产可达40～50kg，浓度在40波美度左右。

（二）产王浆量

1. 群产王浆量 中蜂不适宜生产蜂王浆。因中蜂群势小、泌浆能力差，一个强群一次取浆仅3～5g，而所用工时、移虫时对幼虫带来的损伤及工蜂所消耗的饲料与体力，远远超过取浆的价值。中蜂喜静、怕动、怕光，每天开箱取浆打乱了中蜂群的正常秩序，造成蜂群骚动、飞逃。因此，用中蜂生产王浆是很不经济的。

2. 人工饲喂饲料消耗量 中蜂人工饲喂饲料消耗量较少，在春繁季节单群饲料消耗量一般在2～2.5kg，秋季单群饲料消耗量在6～10kg。

六、繁殖情况

（一）群体繁殖

中蜂是一种社会性群体昆虫，群体繁殖是以分蜂行为来完成的，也是其群体本能的表现。在自然状态下中蜂的分蜂性很强，每年可发生一次或多次。在山西省分蜂多在春秋两季，分蜂次数3～5次，最多可达8次，野生蜂的分蜂次数则更多。

（二）个体增殖

个体繁殖是由蜂王的产卵量与工蜂的哺育能力共同完成的（有效产卵量），一个优良的蜂王日平均产卵700～1 000粒。在人工饲养情况下最小群势两脾，蜂数可达4 000～5 000只；最大群势可达12～14脾，蜂数可达24 000～28 000只。

（三）每群维持子脾数量

中蜂护子能力强，哺育能力强，每群维持子脾数量一般可达4～8脾子脾。

（四）子脾密度

子脾密度：在一个繁殖期内随机抽取子脾进行测定统计，蛹虫面积（封盖子面）可达76.8%～82.3%，蜜粉房2.32%～17.7%。

七、蜂群生物学特性

（一）育虫节律

中蜂的育虫节律比较陡，蜜粉源充足时育虫节律迅速上升，而蜜粉源缺乏时育虫节律迅速下降或停止。

（二）越冬越夏蜂群群势削弱率

中蜂是一个抗寒性能较强的蜂种，中蜂具有较强的抗寒特性，说明它的起源是在温带地区，然后再向亚热带、热带地区扩散。中蜂越冬群势削弱率较少，只达20%～25%；越夏削弱率未测定。

（三）温驯性

中蜂性情比较暴躁，特别是在蜜粉源缺乏的季节或是在阴冷的天气更为突出，对失王群、有病群或有盗蜂的情况下开箱检查，很难避免被蜇。中蜂易骚动和发怒蜇人，与其人工饲养和培育时间较短有关，也与它嗅觉灵敏有直接关系。

（四）盗性及防盗性能

中蜂嗅觉灵敏，容易发现蜜源，其盗性比较强。防盗性能差，被盗严重的蜂群或被意蜂偷盗时中蜂群无法抵抗，蜂蜜被盗一空，造成蜂群饥饿。

（五）抗病性能

中蜂抗蜂螨、善避胡蜂。蜂螨对中蜂不能造成危害的原因是中蜂个体行动灵活，蜂螨难以附着在中蜂体上，同时与工蜂的蛹期不超过12d、蜂螨若虫寄生期不足有关。

中蜂飞行灵活敏捷，进出巢门直入直出，在巢门口停留的时间短，善于巧避胡蜂危害。

中蜂易感染欧洲幼虫腐臭病和囊状幼虫病，当病情严重时会弃巢迁逃。

八、饲养管理

（一）蜂群放养方式

山西省中蜂大多分布于山地丘陵地区，由于交通不便、信息闭塞，饲养管理落后，通常采用定地饲养，而无转地饲养的习惯，全省2万群中蜂几乎都是定地饲养。

（二）群体饲养方式

1. 箱养群数 中蜂生息于山区丘陵的次生林带，人迹稀少的深山地区饲养方式较为原始。在全省2万群中蜂中，过箱饲养达60%左右，40%还采用粗放的桶式、墙洞和树洞式饲养。

2. 桶养群数 桶养群数大约在5 000群。

3. 其他方式饲养群数 饲养群数大约在3 000群。

九、品种评价和展望

山西省大多植物群落的发育都留下中华蜜蜂的痕迹，如许多被子植物花管的长度与中华蜜蜂的吻总长相近。或者早春开花，这时虽然气温较冷，但中华蜜蜂能够出外采集传粉。山西省大部分地区属于季风型气候环境，蜜粉源植物种类繁多但不集中，这种情况培育了中华蜜蜂能够利用零星蜜源的独有特性。此外，对山林中捕食性昆虫——胡蜂科和马蜂科以及寄生性敌害的各种螨类等，中华蜜蜂已具备很强的抵抗能力。因此，中华蜜蜂是山西省自然生态体系中不可缺少的重要部分。

中华蜜蜂是具有独特遗传基因的蜂种，能抗蜂螨、采集零星蜜粉源植物、耐寒等，这种独特的遗传基因在将来新的品种选育中是不可缺少的。保护中华蜜蜂也就是保护蜜蜂遗传基因的多样性。

参 考 文 献

《中国培育猪种》编委会，1992. 中国培育猪种［M］. 成都：四川科学技术出版社.
《中国猪品种志》编写组，1986. 中国猪品种志［M］. 上海：上海科学技术出版社.
山西省家畜家禽品种志和图谱编辑委员会，1983. 山西省家畜家禽品种志［M］. 上海：华东师范大学出版社.
石磊，岳文斌，雷福林，2007. 黎城大青羊选育的研究［J］. 中国草食动物，27：2-26.
许振英，1989. 中国地方猪种种质研究［M］. 杭州：浙江科学技术出版社.